ma cuisine
parisienne à taipei

里維的
巴黎餐桌

法式料理國民教主　**里維** 著

PART 01

apéritif 前菜

PART 02

soupe 湯

PART 03

repas principal 主菜

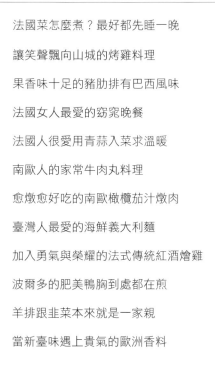

PART 05

partie 派對

我的新人生從「法式鹹派」開始

年輕時，廚房是媽媽的天地。而我，不過是媽媽的小助手，缺的柴米油鹽醬醋茶等都要我臨時去跑腿。從小，因為經常跟著媽媽去市場挑菜、幫忙提菜，潛移默化中，我也從媽媽那邊學到了很多挑選食材鮮度的經驗。

離開臺灣去法國巴黎念書，一來是想完成自己留學法國的夢想；再者是想要去一個美麗的國度生活。在巴黎的新生活，竟是從一個烤爐four開始。我很感謝我法國的房東給了我一個超大的烤爐使用，上面還有 3 口瓦斯爐嘴，可以煮湯煮菜，底下的烤爐可以烤全雞或烤蛋糕等。

我住的地方附近有 champion 超市，裡頭有賣各類食材跟廚房用品烤模等。我猶記得我在法國第一個買的廚房用品，是一個 10 吋大的圓型烤模，因為我想說這烤模拿來烤雞、烤肉或烤派應該很好用。沒想到，我第一個在巴黎家裡烤的法式食物就是鹹派。當然，對我這個什麼都不懂的學生來說，鹹派皮是買現成的！

後來，好不容易買了一臺二手電視，然後中午沒課在家，打開法國 TF1 電視臺的午間烹飪節目「COMME UN CHEF 在家當大廚」，剛好看到了法國食神 Joël Robuchon 在上面教大家如何在家輕鬆煮出美味的法國菜（後來，我跟他聊起這件事時，他還很開心地笑，然後說我一定會有好手藝的）。

在法國讀書的日子裡，經常要煮菜給自己跟朋友吃，甚至還要端著自己做的菜跟研究所的教授及同學們分享。我知道他們喜歡吃越式春卷，我就自己去中國超市買了肉切肉絲，把自己從臺灣帶來煮香菇雞湯的乾香菇泡開，然後切絲，接著把紅蘿蔔切絲，把黃豆芽去頭去尾，然後用五香粉先醃了一下肉絲。

等油熱了就下肉絲炒香，接著加入香菇絲、紅蘿蔔絲跟豆芽絲，最後用麵粉勾點芡，讓它黏糊比較好包入春卷皮內。最後就是炸到金黃，準備好沾醬，連同薄荷葉、生菜一起帶到學校請他們品嘗。每想到，教授們一吃眼睛一亮，緊接著嘖嘖稱奇，紛紛要我念完碩士後去學廚藝，因為我做的食物實在太好吃了！

我同學很好奇的問我，我製作這麼多春卷到底花了多少時間？我說大概二個小時吧！我同學聳聳肩說：「我們 20 分鐘就全吃完了！」就這樣，這是我第一次接受到法國人讚美的一件事，尤其是在「吃」的這件事上。後來有個機會，法國同學的媽媽教了我怎麼製作鹹派跟派皮，我就在家裡試做，沒想到也大獲好評。

害我真的有點錯覺，想說自己來法國唸法國的語言教學是否選錯行了？教授們發現了我的廚藝天分，也紛紛鼓勵我往廚藝方面發展，甚至常帶我去吃好吃的甜點跟美食；同學們也常常邀請我去他們家裡作客，讓我親自看看他們法國媽媽們的家常手藝。加上我經常趁春假、寒假及暑假到處去歐洲其他國家旅行，旅行途中所體驗到的美食，也一一轉變成了我做菜時所感受到的靈感。

等我回臺灣後不久，媽媽罹癌過世，美食也成了我跟她之間的豐富記憶與精神連結。現在，廚房變成我的天地了！我把廚房當做一處小小的圖書館，想體驗義大利托斯卡尼的鄉間風情，那就炒個牛肝菌義大利麵來吃；想吃西班牙的燉肉時，那就煮個紅通通的番茄橄欖燉肉來回味。

想回憶我起伏轉折的人生，做一個法式鹹派，透過派皮製作、烤皮定型、炒餡時加香料調味，最後加上奶蛋汁去烤，那烘烤時的香氣與吃下第一口的感覺，真是 BRAVO 式的百感交集。

我只能，端出這本書與你分享，然後對你說：「Bon Appétit！好好享用」

Voilà! bon appétit!

好了，那就盡情享用吧！

PART 01

apéritif

前菜

Peu importe simplifier ou compliquer, *l'entrée* sera de donner le goût

單純或複雜都可以，前菜以暖胃或開胃為前提

去過法國旅行的人都知道，在法國餐廳的告示板或菜單上，經常出現的前菜字眼，不單單是 l'entrée 還有一個字是 hor d'oeuvre 這樣的字，表示這家的前菜裡頭有熱前菜可供選擇。這樣的熱前菜有核桃藍乳酪雞肉慕斯佐清雞湯、雞肝沙拉佐奶油焦糖核桃等，都是屬於讓你先暖暖胃的菜肴。

這樣的熱前菜，往往也是店家的招牌美味，就跟你看到 spécialité 店家招牌菜這個法文字一樣，不妨試試。當然，這其中涵蓋了店家老闆主廚的出身背景。比如說，法國人都知道 auvergne 這地方出名廚，這地方的鄉下傳統菜也特別有名，而且在料理手法上堅持著傳統，就算到了巴黎也一樣。

所以，在巴黎只要我看到店招牌有著 auvergne 跟 la cuisine traditionelle 我就會想去試試，感受一下傳統的美味。畢竟在積極與現代人飲食觀念謀合的新式法國菜潮流下，想品嘗到道地與傳統風味的佳肴，似乎愈來愈難。我還是堅持相信一件事，這也是某某米其林大廚朋友告訴我的信念──「他常想起媽媽的菜」。

在傳統與現代的拔河當中，很多大廚們內心相當矛盾，他們必須不斷為法國菜找尋新出路與新思維，但又得經常回去翻閱自己童年時的美食記憶與累世大廚們留下的廚藝經驗。時間 le temps 仍然是最大的關鍵，能否接受慢下來生活？慢下來體會品嘗？把法國人一向堅持的慢與等待，拓展到全世界的飲食文化！

前菜在法國的飲食傳統裡頭，就是個搭酒閒聊的習慣！跟中國人吃小菜搭酒等主菜的想法一樣，因為在以烘烤 cuier par le four 手法為烹飪主軸的料理，必須要在烘烤至熟之前，先弄些前菜來吃吃。歐洲天氣大多偏冷，冬天先喝點酒搭菜，炒熱吃飯氣氛，有暖場的效果，那夏天時就先來盤冷前菜，用微酸的醬汁開胃。

往往，沙拉醬的扮演很重要！我頭一回去法國吃 crudité 法式醬汁佐蔬菜沙拉，或者是巴黎小酒館最愛賣的 croque monsieur 脆脆先生，旁邊都有搭生菜沙拉。那法式芥末沙拉醬 vinaigrette 還真是酸啊，害我吃了幾口就在也吃不下了。後來法國住久了，也習慣了當地的酸甜鹹度，也就覺得每天吃那麼酸的沙拉很好。

回臺灣後，我往往在調沙拉醬前先加點糖，因為臺灣人多半愛甜，調點糖讓酸度更加溫和，不管是用白酒醋或紅酒醋，這樣的沙拉醬都能讓大家把一大盤生菜吃光光。而調沙拉醬汁有訣竅的，就是先把醋倒在糖上，利用醋酸去溶解糖，然後調入芥末醬，最後再慢慢倒入橄欖油，讓醬汁乳化。

法式沙拉醬
la vinaigrette française

boîte 準備箱

temps de préparation 準備時間：
5 分鐘

L'outil utilisé 使用工具：
湯匙 la cuillière à soupe、沙拉缽 saladier

personne 食用人數：
8 人份

l'épice principale 主要香料：
poivre noir 黑胡椒

Les ingredients 準備食材：
· 橄欖油 150cc
· 白酒醋或紅酒醋 50cc
· 白細砂糖 20g
· 芥末醬 10g

Les étapes 作法步驟

1. 把糖先倒入沙拉缽，倒入白酒醋拌勻。

2. 加入芥末醬，拌勻。

3. 最後慢慢倒入橄欖油，基本上油跟醋比例是 3 比 1。

4. 調到沙拉醬乳化，再加入些許海鹽跟黑胡椒粉。

5. 這些比例都可以隨各人喜愛調整。

對愛吃酸一點的人來説，不妨在醋方面調整。不愛酸的人，那就在糖方面的量調整，只要保持油醋比約莫 3 比 1 的大原則即可。醋的部分也可以用檸檬汁來取代，如果你改用或柑橘汁或葡萄柚汁等，建議你先品嘗一下果汁的甜度再下手。

如果我用柑橘。檸檬或葡萄柚汁取代白酒醋，我就不會加芥末醬，因為我希望風味回到柑橘類的自然果香裡頭，酸甜度依舊可以用糖調整。希望你也可以調整出屬於自己或家人喜歡的沙拉醬，多吃生菜沙拉多纖維，也會多健康喔！

Voilà! bon appétit!
好了，那就盡情享用吧！

我的第一道私廚料理

搬到這老房子打造的小公寓已經滿 2 年，第一年從幫朋友們製作鹹派跟布丁，到接了幾場幫朋友辦的私廚料理。我發現，私廚所賺到的，全然是朋友們歡樂用餐時所給我的滿足感受。在我往返於廚房與飯廳之間的當下，朋友們用喝得開心、吃得愉快的歡樂氣氛來回應我，那開朗的笑聲就是我一番忙碌後的最佳報償。

我真心喜歡一邊備菜，一邊聽到飯廳傳來此起彼落的笑聲，那真是人生中最美好的「食光」！特別是這些年，臺灣人所能買到的「小確幸」，無非就是吃上一頓讓自己開心的飯菜。所以這些年，臺北很流行私廚，有許多廚師紛紛把自己的私宅貢獻出來，用私房廚藝跟好友或好友的家人一起分享自己每天的美食生活。

我個人覺得，私廚最棒的地方，就是「無菜單」的飲食文化。可以讓廚師隨著當季食材或饕客的喜好而客製化設計菜單，對我來說，也正好可以把自己多年來的廚藝經驗利用臺灣在地的當季食材展現出來，跨國與跨領域地創作廚藝，也透過我個人的解說，讓來用餐的朋友們打開他們的五感，從認識食材到品嘗味道。

相對的，這也是對廚藝創作者一種莫大的挑戰！對我而言，吃一頓飯，

巴黎的自由露天市集／前菜

Jamais en utilisant les ingrédients à **hors** de saison

從前菜沙拉到湯品，最後熱前菜與清口的雪酪，到看似主角的主菜與完美結尾的甜點，這一切菜單的設計都是必須是有想法跟主題的。就像一年四季的農漁產一樣，是有著節氣關連與相互呼應的，唯一的不變法則就是：「非當季的食材不用」。

比如，我們明明知道靠近冬天過年前的青蒜 poireau 才是最甜的，那就絕不會在冬天以外的季節去買青蒜來烹煮魚或煮青蒜濃湯。有一次跨年，我到大陸去找朋友玩，在他們市場看到肥粗的青蒜，馬上切末炒奶油，最後變成一道濃郁且溫暖的法式青蒜濃湯，可真是嚇壞了那一群大陸朋友，他們沒想到青蒜也能這樣煮？

我私廚的第一桌客人喜歡海鮮，也希望我可以多用海鮮來設計菜單。於是我想到肥美彈牙的花枝中間鑲入調好味的蝦泥，配上水煮馬鈴薯與乾煎櫛瓜的沙拉。對愛吃海鮮與清爽馬鈴薯的熟女們，這可是相當合她們胃口的前菜。薄煎後的花枝裡頭鑲著玫瑰色蝦肉，那滿滿鮮味與馬鈴薯的甘甜，沾酸豆美乃滋醬吃真是棒！

蝦漿花枝馬鈴薯櫛瓜沙拉

CALAMAR FARCI DE PURÉE CREVETTE AVEC COUGETTE ET POMME DE TERRE

osciller 擺盤

用喝湯的大湯匙挖起一勺酸豆美乃滋醬，倒在盤子上後，用你的湯匙尾端在醬上面畫上一條流星（你會頓時覺得自己很有大廚架勢）。然後按照自己想要的美感擺上生菜、煎櫛瓜跟馬鈴薯塊等，感覺自己好像在創造一座「流星花園」般。接著，在醬上鋪放切好的花枝卷，看看你，是不是已經有米其林摘星大廚的 FEEL 了？

boîte 準備箱

temps de préparation 準備時間：
20 分鐘

L'outil utilisé 使用工具：
爐火 cuisinière 與平底鍋 poêle

personne 食用人數：
6 人份

l'épice principale 主要香料：
moutard 芥末、poivre noir 黑胡椒

Les ingredients 準備食材：
· 新鮮花枝 3 尾約 500g
· 新鮮白蝦 6 尾約 150g
· 小顆紅皮馬鈴薯 3 顆切塊
· 黃或綠櫛瓜 1 條切片
· 綠色萵苣 6 小顆或其他生菜皆可（視個人喜好）

酸豆美乃滋醬材料：
· 有籽芥末醬 20g
· 檸檬汁 30cc
· 美乃滋 50g
· 小顆酸豆 10g 切碎

其他材料：
· 烹煮用橄欖油適量
· 鹽或黑胡椒少許
· 麵粉適量

Les étapes 作法步驟

1. 先把蝦殼剝去從蝦背對切，用刀背拍扁

2. 把所有拍扁的蝦泥肉，用刀剁出彈性，然後用鹽跟黑胡椒粉調味，然後灑些許麵粉，拌一拌，讓蝦泥有黏性。

3. 把花枝去頭尾處理腸肚後，把水分弄乾，接著在花枝肉內部抹上一層麵粉。

4. 然後把調味好的蝦泥塞入花枝裡面，把花枝肉的口用牙籤封起來。

5. 在小深鍋 pot 裡放入水、油跟鹽，接著把切塊的馬鈴薯丟入煮熟撈起。

6. 在平底鍋裡加點油，然後鍋熱後把櫛瓜片邊緣煎焦撈起備用。

7. 接下來，我們要開始煎花枝蝦泥卷了！

8. 在有深度的平底鍋中倒入橄欖油，然後放入花枝蝦泥卷，蓋上鍋蓋，邊緣請留些縫隙讓鍋子透氣，才會煎出表面焦黃裡面熟透的花枝卷。

9. 等花枝尾巴全部捲起來時，應該就可以關火了。

10. 等關火約莫 5 分鐘後再把花枝切片，畢竟我們吃的是冷前菜，不是炒海鮮。

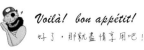
Voilà! bon appétit!
好了，那就盡情享用吧！

Artichaut,
c'est un meilleur *ami* de l'oeuf

不熟悉的朝鮮薊這樣吃

頭一次認識朝鮮薊 artichaut 這種食材，是在大學讀法語系時，當時的法語讀本教材上寫到：「溫暖的五月天，在法國西部布列塔尼的農田裡長滿了朝鮮薊這種蔬菜……」外型極似花朵的朝鮮薊，必須整朵下鍋去煮熟，然後把外面一片片如花瓣的外皮取下，最後取其心。把朝鮮薊的心 coeur 用油漬、鹽水漬等方法保存都可。

最近在臺北的某百貨超市發現他們有進這種新鮮食材，如果你有想要試試，不妨就買一棵新鮮的來煮，只要用加鹽的水煮到熟透，方法有點像我們煮玉米或煮竹筍，熟了放涼後，就剝下一片片的花瓣，灑上海鹽或松露油吃，是道很高級的前菜。之前我到波爾多去玩時，就曾在一家高級餐廳吃到這道佐松露油海鹽的。

而油漬或鹽水漬的朝鮮薊心怎麼吃最好呢？一般罐頭保存的朝鮮薊心，大家一定不陌生！許多人在義大利比薩店都會吃到用朝鮮薊心切片，然後加 prochiuto 培根臘肉片一起去烤的比薩。吃起來鹹中帶點酸的朝鮮薊心，相當解膩，而且脆脆的口感有如玉米，有很多人會誤以為它是玉米皮，其實它正是朝鮮薊本尊。

在外國，朝鮮薊也是蛋的好朋友！很多廚師會用朝鮮薊心切對半，然後跟著甜椒、番茄等蔬菜去烤，最後在烤好的朝鮮薊蔬菜中刨上起司或塞進白色的 mozarella 馬芝瑞拉起司，最後用半熟的水煮蛋增加豐富的顏色。半熟切開就流出金黃的蛋汁的半熟蛋，要讓蛋黃剛好落在蛋白中心點，是需要一點烹煮的技巧。

不過，當朝鮮薊心沾上蛋汁吃的時候，你會發現蛋香更加濃郁！這正是我所說的，為何他們兩個是好朋友的原因了？就跟松露跟蛋也是好朋友，蛋會讓松露的直接氣息變得溫和許多，而且不掩其尊貴與高級的氣勢。就跟電影中「稱職的配角」一樣，讓主角的表現更加豐富而不搶戲，當然這配角的貢獻也功不可沒。

朝鮮薊的脆甜也因為蛋香而更加讓人喜愛！這就是我設計這道前菜的主因。當烤好的甜椒、番茄加進來後，這些蔬菜的組合就順理成章了！這時候，你要隨意搭配水乳牛起司或任何香料鹽都很棒。就我的個人食用經驗來說，這道沙拉當週末假日的 brunch 早午餐，應該很快就會贏得老公小孩或家人的歡呼與掌聲。

那就讓我們開始吧！

油漬甜椒朝鮮薊水煮蛋沙拉

POIVRON CONFIT ET ARTICHAUT RÔTIS AVEC OEUF DEMI-CUIT

 osciller 擺盤

先鋪上生菜，接著把烤好的紅洋蔥番茄甜椒，用湯匙擺在生菜上面，再把朝鮮薊心放上，最後淋上法式油醋沙拉醬汁，再擺上半熟的水煮蛋，然後在家人或朋友面前剖開，那蛋黃流下來的驚喜，可是會讓大家讚不絕口呢！建議你，煮這道菜，最好用品質來源安全的雞蛋，如果不確定，那要多煮一兩分鐘把蛋黃煮熟一點。

 boîte 準備箱

temps de préparation 準備時間：
30 分鐘

L'outil utilisé 使用工具：
爐火 cuisinière、烤箱 four 、
深鍋 poêle

personne 食用人數：
6 人份

l'épice principale 主要香料：
moutard 芥末、
poivre noir 黑胡椒

Les ingredients 準備食材：
- 罐頭朝鮮薊心 6 顆約 150g 對半切
- 新鮮雞蛋 6 顆約 30g
- 紅黃甜椒各 1 顆切絲
- 紅番茄 2 粒切塊
- 半顆紅洋蔥切絲
- 奶油萵苣 3 朵對半切
- 有籽芥末醬 20g
- 白酒醋 50cc
- 橄欖油 150cc
- 糖 50g
- 鹽或黑胡椒 少許

 Les étapes 作法步驟

① 先用小深鍋裝熱水煮沸，然後攪拌出水渦旋，放入雞蛋煮 6 分鐘。

② 煮雞蛋時要不停攪拌水渦，這是讓蛋黃能夠集中於蛋中間的訣竅。

③ 時間到了後，沖冷水放涼。

④ 在水煮蛋的同時，先把紅洋蔥、甜椒、番茄跟切半的朝鮮薊心一起灑上橄欖油與黑胡椒、鹽調味。

⑤ 接著放入烤箱中用 200 度烤 20 分鐘，只要烤盤邊緣略成焦黃即可。

⑥ 製作法式油醋，先用白酒醋的酸把糖溶解，然後看一下是否酸度自己喜歡？

⑦ 然後以芥末醬調味，如果太鹹就再加一點點糖，然後攪拌均勻。

⑧ 最後倒入橄欖油慢慢調整沙拉醬汁，要邊倒邊攪拌讓醬汁乳化。

⑨ 在油醋汁上灑入些許鹽跟黑胡椒調味。

⑩ 如果你選用的核桃是沒炒過的，最好先用不倒油的鍋去乾炒一下。

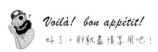

Voilà! bon appétit!
好了，那就盡情享用吧！

巴黎人最愛的鄉間前菜

法國人的「懶」跟「貪圖享受」真的是世界聞名！正因為貪圖懶惰，所以更要一切按部就班，能不動就不動。遇上確定要執行的事或工程，都往往需要深思熟慮個好多年，再加上仔細斟酌的工程進度好多年，最後面對反對群眾抗爭再好多年，蓋一條新捷運或一座橫跨塞納河的新橋，少說要個 20 年也算是很正常。

法國人不愛大變動，但在藝文與生活時尚的創新，卻是引領世界潮流。所以，他們亙古不變的歷史古蹟，永遠是時尚流行最好的伸展臺，你也永遠會感受到，穿著最新的潮流衣著，走在巴黎街頭，真的是最炫的風景。在歐洲居住的那些年，我也學習到了這樣的生活哲學──「在經典事物上，展現自己的創意與想法」。

在巴黎念書的時期，我最常去的地方就是超市、傳統市集，在那邊感受當地人的生活態度與觀念，當然還有認識他們喜歡吃的食物與這類食物的來源與作法。就跟現代化的都會一樣，許多半成品的出現，讓下班後需要馬上回家煮飯的上班族多了些方便。這些半成品，包括了油封鴨、鴨胗、肉醬跟派皮等傳統食物。

在一般鄉下的法國傳統媽媽們，幾乎都會用鴨油自製 confit de canard 油封鴨，用鮮嫩的鴨肝加入白蘭地去腥，然後打成泥做鴨肝醬；鹹派或各式甜塔派皮，幾乎都是信手拈來，在下午有空閒的時候來桿上一個派皮，丟進烤箱中烤定形，填入自己想吃的餡料，加上奶蛋起司，就是挨家挨戶都會吃的法式鹹派了！

Le petit *goût* que les parisiens aiment le plus

這樣優閒的做菜時光，對省錢凡事自己來的鄉間小民來說，就是生活 c'est la vie 的一部分。但對商業與流行訊息相當繁雜的國際大都市巴黎來說，巴黎人要下午有空在家作鹹派，那真的是要非常有心情！但他們又熱愛且堅持享受這樣的食物，於是半成品的派皮，就因應市場需求而生，而油封鴨胗之類的食物也是。

有機會到法國的超市（現在臺灣很多超市也有）逛逛，就會發現一些油封鴨胗的罐頭。雞胗鴨胗對臺灣人來說，一點都不陌生，隨便一攤路邊的滷味都有。而用大量鴨油製作的 gésiers de canard confits 油封鴨胗，非常適合製作省時又省力的小奢華沙拉。因為這道法國農家的尋常料理，來自法國知名紅酒產區波爾多。

波爾多人喜歡來上這一盤滋味豐富的鴨胗沙拉，搭上一杯單寧層次年輕的紅酒。而我喜歡在這鴨胗的處理上，加入我個人覺得奢華且符合臺灣人思維的創意。我用新鮮的嫩薑磨出泥用醃製一下過濾掉油的鴨胗，視鴨胗大小可選擇切片或不切，然後灑上黑胡椒跟一些豆蔻去腥，最後在油煎後，倒一點點紅酒醋去腥。

這以上的處理過程，全都是為了去除鴨的腥味。對吃東西都會搭酒的法國人來說，有沒有這道手續並不重要，因為他們喝下去的酒都會把食材的腥味融化掉。而對我們這些「吃飯不搭酒」的臺灣人來說，我這樣的處理真的有其必要。

那就讓我們開始吧！

油封鴨胗佐芝麻葉沙拉

SALADE AUX GÉSIERS DE CANARD CONFITS AVEC DES ROQUETTES

osciller 擺盤

請自己隨意搭配出美感。

這是一道超簡單的家常鄉間沙拉，麵包的搭配可以很隨興。

你也可以奢華一點，放一些冬日當季的柑橘，帶點酸香更提味。

因為，油封鴨胗已經夠鹹夠油了，不建議在沙拉上面放起司。

在平日晚上，想少吃卻又想享受一下巴黎小奢華的人，可以試試喔！

boîte 準備箱

temps de préparation 準備時間：
15 分鐘

L'outil utilisé 使用工具：
爐火 cuisinière、平底鍋 poêle

personne 食用人數：
6 人份

l'épice principale 主要香料：
poivre noir 黑胡椒、
gingembre 薑

Les ingredients 準備食材：
· 現成油封鴨胗 1 罐
· 紅甜椒半顆（可加可不加）
· 新鮮嫩薑半枝約 10 公分長
· 芝麻葉 200g
· 烤吐司 6 片
· 帶點果香的紅酒醋少許
· 橄欖油 100cc
· 鹽少許
· 黑胡椒少許
· 豆蔻粉 cardamome 少許

Les étapes 作法步驟

1. 油封鴨胗從罐頭裡的油中取出，放置一旁備用。

2. 把新鮮嫩漿用磨泥器磨成薑泥，跟油封鴨胗拌在一起。

3. 灑上一些黑胡椒、荳蔻粉一起醃製一下。

4. 鍋子加熱後轉至小火，倒入醃了薑泥、黑胡椒跟荳蔻的鴨胗。

5. 拌炒一下，約莫 2 分鐘關火，倒入一點點果香味的紅酒醋，起鍋。

6. 把芝麻葉沖水洗一下，跟切絲的紅甜椒拌在一起。

9. 最後在生菜上鋪放鴨胗，擺上烤吐司即可。

10. 建議你也可以灑點橄欖油在上面，增加自然香氣。

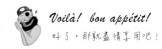

Voilà! bon appétit!
好了，那就盡情享用吧！

Les champignons de Paris m'apportent à la *forêt* de fontainebleau

st. Reherl
HKL II
100 g   1,50
300 g   4,-

田柱的田家餐亭/前菜

翻滾秋日的菇料理，最迷人！

看得懂我標題法語的人，一定會覺得我的想法很偏頗！不知誰説「巴黎的菇一定是最好的」？但對法國人來説白色蘑菇就叫作 champignon de paris 巴黎蘑菇，而且價格不便宜。就像臺灣現在只要説到杏鮑菇，就會想到新社一樣。那種白色蘑菇在法國就叫巴黎蘑菇，因為 19 世紀有位農業培育者在巴黎井裡發現了這樣的菇。

口感細緻有彈性，柔軟的香氣很迷人，很多名廚都會用這種蘑菇來煮濃湯 champignons de paris à la crème 或加入其他如牛肝菌菇 cèpes 或雞油菌菇 girolles 等菇類與香料一起炒做成 poêlée champignons persillés 香料拌炒綜合菇。這幾款料理我在歐洲經常會吃到，也經常在家裡烹煮。

第一次的法國秋日森林採菇行，就是跟我的同學 sophie 與她拉丁裔的男友 thomas 一起到巴黎東南邊 fontainebleau 楓丹白露附近的森林去採菇。腳底踩著林蔭小徑滿滿的落葉，黃有點點紅，還不算是滿山飛紅的時刻。地上的野菇隨處轉身可見，我心裡面只關心著眼前的美景，只有 Sophie 一直跟我説，她們都會來這採菇。

對我這遠道來法國的臺灣人，從小我就不認識採菇這件事，只知道從小學課本裡學到的基本知識，就是「色彩鮮豔」的菇不要誤食。在行走小徑的同時，我確實有細細觀察地上落葉裡或樹根旁邊冒出來的香菇，比我們在市場上看到的多好多，可見有好多菇是不能拿來烹調跟食用的。

下山後在停車場旁邊，我看到一間 pharmacie 藥局，我進到裡面去看看都賣些什麼？就順便問那個 pharmacien 藥劑師説，這地區的菇多半可以食用嗎？他就指著櫃檯上面有本厚厚的字典，他説要查這本字典，有些長得很像的菇，就有可能一種可以吃，另一種不能吃。最好把採來的菇先到藥房問問，以免誤食！

謹慎小心，特別是對食物的態度上面，這就是我看到的法國人！雖然天生浪漫，卻對民生問題十分細心。所以，當我回到臺灣，看到新聞説著，有人去山上誤食了什麼野生的菇，我就在想，我們都是被「神農氏後代」這句話給騙了。人的命只有一條，而人生是美好的，所以，還是別隨便拿自己的生命開玩笑。

那就讓我們開始吧！

迷迭蒜香炒巴黎蘑菇

POÊLÉE CHAMPIGNONS ROMARINÉS

 osciller 擺盤

把它當作一道充滿森林氣息的前菜，在食用前淋上草香清新的橄欖油。法國跟義大利人都相當喜愛這秋日的野菇味，他們喜歡多加點不一樣的菇，就像森林裡有著不同野菇的氣息一樣。我是喜歡在起鍋之前，淋上一點點陳年葡萄酒醋，最後再淋上橄欖油。那優美豐富的香氣，真的有如秋日的午后。

 boîte 準備箱

temps de préparation 準備時間：
15 分鐘

L'outil utilisé 使用工具：
爐火 cuisinière、平底鍋 poêle

personne 食用人數：
6 人份

l'épice principale 主要香料：
ail 蒜、romarin 迷迭香

Les ingredients 準備食材：
· 巴黎蘑菇 300g
· 新鮮迷迭香 2 支
　（用乾燥的 10g 也行）
· 蒜頭 4 瓣拍扁
· 橄欖油 50cc
· 鹽少許
· 黑胡椒少許

 Les étapes 作法步驟

① 把磨菇洗淨用廚房用紙擦乾表面，切對半備用。

② 開火在鍋中倒入橄欖油，等油熱。

③ 油熱後倒入切好的蘑菇，適時地翻滾 sautée 那些磨菇讓表面受熱均勻。

④ 滾到磨菇表面焦黃時，再放入拍扁的蒜與剝下來的迷迭香葉。

⑤ 繼續翻滾，約莫 2 分鐘關火，調上海鹽跟黑胡椒。

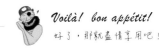
Voilà! bon appétit!
好了，那就盡情享用吧！

L'outil que les femmes françaises favoritent pour la date

法國女人最愛的窈窕晚餐

在法國巴黎的餐館，多半會有這道沙拉，也正所謂是一道法式經典菜肴。結合了焦糖奶油炒出的蘋果丁，搭配濃郁的藍乳酪與核桃，最後用芥末醬白酒醋調出的法式沙拉醬汁淋在生菜上。帶點酸香與甜味，然後以核桃契合藍乳酪的香氣，再配上一口有點 sec 且帶酸的白酒，儼然你眼前就出現一位搔首弄姿的法國女人。

的確，我在法國常發現很多跟男子約會的法國女人，點的就是這樣一份沙拉配上一杯白酒。她的膚色絕對是經過整個夏天度假日曬後的古銅色成果，尖銳的下巴一定要時不時用戴著斗大寶石戒指的手背微拖著，講到開心的地方，還用眼神跟上揚的嘴角俯視挑逗著眼前的男人，說了半天話，盤裡的沙拉卻一動也不動。

講累了，就優雅拿起酒杯喝了口白酒；或者是用叉子挑起一粒蘋果丁或核桃吃一下，沙拉也挑一挑，翻片葉子吃吃，這純然是法國女人晚餐時的用餐模樣！所以，這道從傳統 salade aux noix 榛果沙拉演變而來的豪華版沙拉，也成了巴黎女攻無不克的約會利器。有了這盤，基本上該有的營養素都齊全，也不會吃太多！

更何況，心機的巴黎女還把白酒的熱量一併算入自己的窈窕計畫裡。所以呢，一口白酒的同時是不能進食的，必須先讓嘴巴動一動，然後再緩緩把食物送入口中。一道對我們說來是如此清爽的沙拉，卻要吃上一整晚，而且還只吃半盤，你說能不瘦嗎？

不過，話又說回來，約會的飯局，本來就是展現女性魅力的戰場，當然是不能大吃大喝。在巴黎更是這樣，每個女生不是靠抽菸減少食欲，就是在晚餐點上那麼一盤簡單的沙拉。我的印象中，總是在我大嗑油封鴨腿的同時，看到一名穿著低胸、纖瘦手上套著土耳其藍手環的女子，邊用叉子插著蘋果丁，吃一口嚼很久。

當然她一直在講她度假的事，我只是看著我眼前香噴噴的鴨腿跟薯條，再斜眼看她眼前那盤冷冷的沙拉（雖然焦糖奶油蘋果是炒熱過的）。雖然是春天接近夏天的氣候，但日夜溫差仍然很大，晚上還是涼，我想說她不餓不冷嗎？也許，在約會的戰場裡頭，是沒有餓與冷的感受，反正，這道沙拉應該只是她的道具吧！

那就讓我們開始吧！

核桃乳酪焦糖蘋果沙拉

SALADE AUX POMMES CARAMÉLISÉS ,

FROMAGE BLEU ET NOISETTE AVEC LA VINÉGRE AUTHENTIQUE FRANÇAISE

---

osciller 擺盤

建議你，按自己喜愛的比例把生菜洗乾淨水分瀝乾，先鋪在盤子上。

接著擺上焦糖奶油蘋果丁，一小塊一小塊的小的藍乳酪，然後灑上剝碎的核桃。

最後再依照你現有擺的食材，把法式芥末油醋汁灑上去。

最好上桌前，再灑上一些直接食用的橄欖油做美感的點綴。

boîte 準備箱

temps de préparation 準備時間：
10 分鐘

L'outil utilisé 使用工具：
爐火 cuisinière、平底鍋 poêle

personne 食用人數：
6 人份

l'épice principale 主要香料：
moutard 芥末

Les ingredients 準備食材：
· 小綠蘋果 1 顆約 150g 切丁去籽
· 去殼核桃 10 粒剝碎約 30g
· 藍乳酪約 40g 上下，視個人喜好
· 奶油萵苣 6 小棵
· 有籽芥末醬 20g
· 白酒醋 50cc
· 橄欖油 150cc
· 糖 50g
· 奶油 30g
· 鹽或黑胡椒少許

Les étapes 作法步驟

1. 先把奶油跟 30g 糖一起放入平底鍋中加熱。
2. 等到開始有泡泡糖開始融化時加入切丁的蘋果
3. 拌炒一下，讓蘋果表面裹上奶油焦糖即可。
4. 一旁放涼保持蘋果的脆度，別炒過度把蘋果炒爛。
5. 用剩下的 20g 糖加入油醋醬製作小碗中。
6. 加入白酒醋，利用酒醋的酸把糖溶解，然後看一下是否酸度自己喜歡？
7. 加入芥末醬調味，如果太鹹就再加一點點糖，然後攪拌均勻。
8. 最後倒入橄欖油慢慢調整沙拉醬汁，要邊倒邊攪拌讓醬汁乳化。
9. 在油醋汁上灑入些許鹽跟黑胡椒調味。
10. 如果你選用的核桃是沒炒過的，最好先用不倒油的鍋乾炒一下。

里維的日常饗宴／前菜

Voilà! bon appétit!
好了，那就盡情享用吧！

PART 02

soupe

湯

Le double **consommé** ou la velouté ne jamais se monquera de cela

黃金湯或天鵝絨般柔滑的濃湯
都少不了它

在臺灣某些價格高昂的法式餐廳裡，最常聽到有客人反應說，這道金黃色帶點鹹味的清雞湯，竟然要賣我那麼貴的價格，真是毫無道理。的確，這道充滿濃郁雞汁風味的 consommé 光用肉眼看起來，是沒其他料只有單純的風味，卻可能藥費上主廚大半天的時間，為了吊湯頭所花費的「時間成本」可是相當昂貴的。

在歐洲的餐廳，只要是餐廳，每天都得花時間熬高湯，從雞高湯、魚高湯、牛高湯，甚至小牛高湯等，都是要花時間做的，馬虎不得。像我在法國媽媽、德國媽媽們家裡看到她們做菜，她們也是喜歡用高湯調味，因為她們的廚房沒有味素這種東西，烹調只能單純靠熬出來的高湯或是食材原本豐富的味道。

像煎肉時肉會流出的肉汁、燉煮蔬菜時所熬出來的甜味，還有海鮮烹煮時的鮮甜味等，都是他們食物最棒的天然調味品。當然，講究一點，就熬一鍋雞高湯來備用。炒菜、煮燉肉或是冬天來碗熱呼呼的濃湯等，這鍋鮮香十足的雞高湯可是大大的發揮作用。而之前所講到的黃金湯 le consommé 更是雞高湯的高級版！

黃金湯 consommé double 以基本的雞高湯 consommé simple 為底，在湯中加入許多蔬菜丁與剁碎的雞胸肉，透過慢火細煮出雞肉本身的鹹味。因為久熬與過篩的工夫，產生金黃通透的湯頭。如果更深入考究，你會發現很多歷史上的法廚，每個人都會在這黃金湯頭裡加入如米線、水煮蛋、菇類等食材的創意。

也就是說，在法國，你所喝到的 consommé 絕不會僅有湯頭而已，像我就喝過有西洋芹跟野菇的那種鄉村風的黃金湯。話說到另一種以雞高湯變化出來的濃湯，曾經有學生跟我說，他跟老師學的濃湯，都是用奶油炒麵糊然後加高湯的方式。其實，世界上還有很多讓湯濃稠的方法，如加馬鈴薯、法國麵包或是米飯都可。

我的習慣是把高湯拿來煮切塊的馬鈴薯，等馬鈴薯煮軟透後，一起放入果汁機裡頭打成泥，把湯的濃稠度調到我最愛的 velouté 如天鵝絨般柔滑的口感。最後在濃湯裡面再倒一些鮮奶油進去，那真是在顏色與口感上，都是讓人愉悅的感受。我在法國的超市也常買到標榜這樣口感的即食濃湯，我勸你，還是自己煮較好！

基本雞高湯
le consommé simple

boîte 準備箱

temps de préparation 準備時間：
至少 90 分鐘

L'outil utilisé 使用工具：
爐火 cuisinière、深鍋 pot profond

personne 食用人數：
10 人份

l'épice principale 主要香料：
thym 百里香、laurier 月桂葉

Les ingredients 準備食材：
· 雞骨架 150g ～ 200g 一副
· 洋蔥半顆約莫 125g
· 紅蘿蔔 1 枝約莫 120g
· 西洋芹 2 枝約莫 100g
· 水 1500cc
· 香料束 1 個

Les étapes 作法步驟

1. 把所有材料放入深鍋當中。

2. 加入水跟香料束。

3. 開大火等滾後轉小火，熬煮約莫 1.5 小時即可。

4. 等溫度降下來，用網篩過濾出高湯。

5. 用剩下的，等涼了之後，放入冷凍庫存放。

建議你，做高湯只要把食材洗淨水分瀝乾即可。

如果討厭雞骨架煮滾後所浮在鍋子邊緣的蛋白質跟血脂可以用湯匙撈去，保持湯頭的美好與乾淨。

湯頭的用法很多，基本上做燉菜的調味跟煮湯。就算是煮中菜，炒菜時可以拿來取代味精，是最天然的調味聖品。

Voilà! bon appétit!
好了，那就盡情享用吧！

蔬菜最美好的春天，你可以煮這湯來喝

在法國的飲食傳統裡頭，隨著季節享受美食是最主要的，如果有辦法接近產地，在產地享受到最直接的美好滋味，更是一種幸福！這些年，法國也開始流行起「terroire bistrot」就是在這個小酒館裡餐點製作的食材都是產地直送的，提倡取用「產地、當季」的食材概念。這樣的飲食新潮流，正是因應環保的一種反思。

回歸到 20 世紀，很多堅持傳統飲食觀念的法國人，其實也一直在強調這觀念。像這道以春天蔬菜為主的「普羅旺斯蔬菜湯」就是整個湯裡面的蔬菜，全數取用春天盛產的蔬菜，如紅蘿蔔、番茄、蘆筍跟一些小扁豆等。對常上臺灣菜市場的人來說，這些蔬菜其實最好的不見得是春天，而可能是冬天或夏天。

因為緯度跟氣候差異的條件，在臺灣想喝這樣的蔬菜湯，可能要放棄蘆筍（因為好的蘆筍在臺灣的夏天），而好品質的番茄往往出現在冬天寒冷的季節。所以，在臺灣要做這樣的熱湯，最好在秋冬的季節。小扁豆的加與不加，我會建議大家看狀況。像我那天看到了鮮嫩美麗的紅色香扁豆，馬上想到拿來增加湯的香氣。

有了美好的蔬菜與食材，只要搭配事前熬煮的基本雞高湯，你會發現，烹煮這湯的過程是相當幸福的。因為在煮湯的過程裡，從鍋裡飄出來的香氣，真的有如春天的味道，豐富舒服且迷人。我想，連喝到的人，都應該可以馬上感受到這美好的幸福吧！而且湯頭顏色繽紛，有紅番茄、綠黃櫛瓜與紅扁豆、西洋芹來襯色。

在普羅旺斯客居的日子，我還滿常喝到這款湯的。由於靠近義大利，這湯的調味也深受義大利飲食文化的影響。加入綠綠的 pistou 青醬（義大利文則是 pesto 青醬）讓湯頭多了春天最繁茂的甜羅勒香氣！

在臺灣的春秋兩季，氣候稍微涼爽且有陽光輕灑的日子，相當適合羅勒的生長。喜歡水分與陽光的甜羅勒，只要不讓根部浸水爛掉，基本上都會活得好好的。放在有海鮮或用茄醬料理的義大利麵上，直接與麵一起咀嚼，有種飽滿圓潤帶點甜味的香氣，可以解海鮮的腥味。

每每看到它就會想到海鮮或一堆蔬菜，在綜合蔬菜上面看到它，總覺得它有如儀隊指揮，最亮眼也最神奇，可以讓蔬菜與海鮮的風味提升到一種無法言喻的美好。如果你還是無法想像它是什麼？那就不妨使用你熟悉的九層塔來做青醬也行。趣味的是，西方人愛羅勒、亞洲人愛九層塔，一起偏愛這強烈卻開胃的香氣。

Le potage **printanier** en provence sera toujours au pistou

那就讓我們開始吧！

青醬綜合蔬菜湯

LA SOUPE AU PISTOU

建議大家，湯多煮也沒關係，剛好可以當消夜與暖胃的熱湯喝。像我平常有時候晚上不想吃東西，都會用這樣的蔬菜湯搭配點麵包，就是超級舒服又健康的晚餐。有時候天氣冷，想在睡前喝碗熱湯，這湯不僅纖維夠而且暖身沒負擔。

而青醬 pistou 的製作也相當簡單，事先準備好松子、pamersan 起司塊跟蒜頭、橄欖油等。把松子先用乾鍋烤熟放涼後，在搗缽裡放入蒜頭搗碎，再加入烤好的松子搗碎，接著加入新鮮的羅勒葉片（不帶梗）一起搗碎。然後加入起司跟鹽、黑胡椒等調味，最後用橄欖油慢慢倒入調整濃度，等一切都變成濃稠時就請歇手。

沒吃完的青醬，請用密封罐裝好冷藏，下次煮青醬義大利麵就可以拿出來用喔！這青醬對如蔬食（不忌蒜味）的人來說，也是很棒的調味聖品。

 boîte 準備箱

temps de préparation 準備時間：
45 分鐘

L'outil utilisé 使用工具：
爐火 cuisinière、
深鍋 pot profond

personne 食用人數：
6-8 人份

l'épice principale 主要香料：
ail 蒜、basilique 甜羅勒

Les ingredients 準備食材：
· 馬鈴薯大顆 1 粒切丁
· 蒜頭 2 瓣剁細
· 洋蔥半顆切丁
· 紅蘿蔔 1 枝切丁（中型）
· 西洋芹 2 枝切丁
· 中型番茄 2 顆，用刀子劃十字熱水煮過後去皮切丁
· 櫛瓜一枝切丁（中型）
· 紅扁豆或青豆、綠甜豆都可，一小把切丁（約莫 10 支左右）
· 通心粉 300g 或適量（依每人食量大小斟酌）
· 雞高湯 1500cc
· 橄欖油適量
· 鹽跟黑胡椒適量

Les étapes 作法步驟

1. 在鍋中用橄欖油把洋蔥丁與蒜末爆香。

2. 加入西洋芹丁、胡蘿蔔丁煮軟 10 分鐘。

3. 再加入馬鈴薯丁與雞高湯，加點水一起煮。

4. 等馬鈴薯透爛後，加入去皮番茄丁與紅扁豆丁、櫛瓜丁與通心粉等食材。

5. 煮約 20 分後用鹽與黑胡椒調味，關火。

6. 享用前加一匙事先製作好的青醬即可。

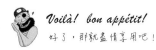

Voilà! bon appétit!
好了，那就盡情享用吧！

Maroni
St 1.20
1.80

Les marrons s'appartienne
saveurs de **l'automne** e

栗子的香甜與秋冬的溫暖不謀而合

有次上「下午茶學法語」的課堂上，我跟學生解釋一種約莫在聖誕節前夕才會出現的小點心 marrons glacés 糖漬冰栗子。這一顆顆用金色錫箔紙包起來的美味小點心，非常非常甜，吃起來香軟滑口，需要搭配熱熱的茶，會馬上溫暖你寒冷的心。特別是在聖誕前夕，你會在巴黎各大超市發現這樣的小點心禮盒。

當然在一些巧克力專賣店如 la maison du chocolat 巧克力屋跟 Pierre Hermé 之流的巧克力大師等店裡也都會賣這種應景的小點心。在巴黎居住的那段日子，每次看到 châtaignier 栗子樹開始葉子轉黃時，我就知道品嘗栗子的日子近了。在巴黎這樣的大都市裡，人們都需要去超市或傳統市場買栗子，而鄉下地方多半不用。

有一回，我去法國東南邊 champéry 某位老師他們家，他說他們這裡很多居民都會去山上撿栗子回來烤，根本就不用買。就跟我們常在路邊看到賣糖炒栗子一樣，法國有壁爐 la cheminée 的家庭，往往喜歡在秋冬寒冷的季節，圍在爐火邊邊烤栗子邊聊天喝茶，所以我看他們家裡的茶几上幾乎都可以看到一盤栗子。

帶殼的栗子經過烘烤熟透後，殼與栗子肉之間產生縫隙，一咬便可輕易把殼去除。而我在準備這本食譜時，其實一直等待著臺灣 10 月過後的栗子出現，因為我不愛用罐頭栗子做栗子濃湯。新鮮去殼後的栗子，有時候還是會保留一點點褐色的皮膜，只要把栗子放入水裡泡些時間，這些褐色皮膜很容易去除浮在水面。

栗子這樣的果實，口感很是微妙！如果你想要煮個中式的栗子雞湯，還真的是要放上一兩瓣蒜頭，才能讓滋味更加豐富且帶出栗子香氣。我個人的喜好是在湯裡頭習慣放上一些從中藥房配來的白胡椒粉，特別的香。胡椒香氣不僅與栗子雞湯絕配，而且可以讓你喝完湯後，身體一整個暖呼呼了起來。

而西式濃湯的製作，我會加些馬鈴薯讓湯喝起來濃厚點。最後不免會淋上鮮奶油提香，奶與栗子的香甜，真的有如栗子樹那由黃變紅的深秋滋味，溫暖且舒服。對吃的方面，我是個熱愛變化的人，所以我喜歡在濃湯倒入深盤之前，煎塊雞腿肉，並在雞腿肉上灑點煙燻海鹽，那煙燻香氣讓你真的會宛如來秋冬的森林邊緣。

那就讓我們開始吧！

奶油栗子濃湯佐煙熏雞腿肉

LA SOUPE DE MARRONS AVEC POULET RÔTI SALÉ FUMÉ

osciller 擺盤

在濃湯跟雞腿肉都好了之後，你先把雞腿肉切塊放入深盤裡頭，然後把濃湯倒入茶壺裡頭，在上菜時，先放上有了雞腿肉的深盤，再倒入適量的濃湯。所謂的「適量」？就是以雞腿厚度為標準，湯要倒到接近雞肉卻不能蓋過雞肉，讓品嘗的人可以看到你的創意，聞到帶有煙熏香氣的雞腿肉，然後隨後飄來香甜的栗子味！

在湯倒好之後，建議你灑些新鮮香料如奧勒岡葉，因為我覺得它代表了大地的力量，會讓品嘗的人因此擁有了大地所賜予的正面能量，更加積極地面對人生。想要奢華一點的人，也可以在湯倒好後，加些品質好的初榨 extra virgin 橄欖油或松露油，也非常的搭喔！在家享用當然不妨奢華一點，對自己好一點。

boîte 準備箱

temps de préparation 準備時間：
40 分鐘

L'outil utilisé 使用工具：
爐火 cuisinière、
深鍋 pot profond、
平底鍋 poêle

personne 食用人數：
6 ～ 8 人份

l'épice principale 主要香料：
sel fumé 煙熏海鹽

Les ingredients 準備食材：
· 新鮮栗子一包約莫 300g
· 大顆馬鈴薯一顆 250g
· 雞高湯 1000cc
· 鮮奶油 50cc
· 去骨雞腿肉一片約莫 300g
· 橄欖油少許
· 煙熏海鹽適量
· 鹽跟白胡椒粉適量

Les étapes 作法步驟

1. 在深鍋中放入去殼的栗子跟去皮切片的馬鈴薯。

2. 然後倒入雞高湯去煮約莫 20 分鐘。

3. 栗子熟時顏色會變深，馬鈴薯熟了會呈通透感。

4. 關火，等冷一點後放入果汁機中打勻，再倒回深鍋中加熱 5 分鐘。

5. 微滾後關火，用鹽跟白胡椒調味，關火後等溫度降些再加鮮奶油。

6. 在平底鍋倒入橄欖油，把雞腿肉皮朝下去煎，在肉這邊灑上煙熏海鹽。

7. 等皮那面煎焦黃後翻過來，皮的那一面再灑上煙熏海鹽。

8. 如果你選的雞腿肉比較厚，建議你放入烤箱用 150 度再烤 10 分鐘。

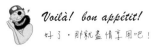

Voilà! bon appétit!
好了，那就盡情享用吧！

秋日很適合喝一口香濃的野菇味

即使對法國菜大廚們來說，義大利托斯卡尼地區所產牛肝菌 porcini 的香氣，還是遠勝過法國當地所產的。這件事，我在某次去義大利弗羅倫斯旅行時，就深深體會到。那一年 10 月，我來到了義大利托斯卡尼地區旅行，登上了百花大教堂的屋頂俯瞰這美麗的紅瓦城市，夕陽下我感受了「冷靜與熱情」小說裡所描述的浪漫氛圍。最後，男女主角是否真的來到了這教堂屋頂相會？

那一年這本由日本作家江國香織與什仁成一起合寫的男女版小說非常紅，在我拜訪過大衛雕像與烏非茲美術館後，當然免不了就是一場尋求美食之旅。來到皮革市場找尋那攤滷牛雜三明治，接著去 eyesight 介紹的餐廳裡吃東西。旅途中偶遇的同行者跟我推薦來托斯卡尼玩，一定要吃他們的野菇義大利麵。於是，從這個提醒開始，我在弗羅倫斯、西耶那 sienna 的貝殼廣場等地方幾乎都吃野菇麵。

甚至還買了一包乾燥的牛肝菌回臺灣，因為那個濃郁的野菇香氣，很容易把我拉回到那年的秋天，不管是前往 san gimignano 聖吉米亞諾時所經過樹林的風景，還是遠處秋天的樹林，飄散著的就是一種悠然自在的空氣。只不過，因為弗羅倫斯的藝文氣息太濃厚，讓這美好的旅行記憶多了一些些咖啡與甜點的味道。回到臺灣後，竟然發現臺灣也流行起把這義大利野菇濃湯弄成一杯杯卡布奇諾！

如果不用義大利超濃郁的牛肝菌菇，這卡布奇諾就如同沒了濃厚如 expresso 般的基底。我也試過用其他如法國或加拿大所產的牛肝菌，其香氣的厚度就是不足。這情況有如我喝過義大利當地的咖啡後，就知道我的咖啡經驗更上一層，法國咖啡從此對我而言，就完全變成了一場體會人生的電影畫面，美好卻無法實際。在臺灣開始做菜的這些年，我的義大利牛肝菌菇也經常透過朋友幫忙買回臺灣！

喝過的朋友都讚不絕口！我在這野菇卡布奇諾濃湯裡其實只加了百分之二十的義大利牛肝菌菇，那香氣就已經香到讓人受不了。有次在外國烹飪節目上，看到某大廚做一道野菇料理，也是拿金黃色的雞油菌菇、羊肚菇等，最後配上一點香氣濃郁的牛肝菌來炒，就做出氣味層次豐富的佳肴。而我拿這菇來搭配臺灣的鮮香菇去煮濃湯，一樣可以達到香氣逼人的效果。

如果你剛好也有這樣的乾燥野菇，不妨放入冰箱冷凍起來，防止菇會受潮長蟲。然後在任何想喝湯的日子裡，煮杯如此濃郁爽口的卡布奇諾野菇湯，用攪拌器在熱牛奶上打出奶泡，倒在濃湯上面。然後搭片麵包，想像一下那滿目金黃夕日染過樹林的光影，冷冽的空氣中帶有溫暖的香氣，這濃似咖啡的湯也很感人不是？

Le cappuccino de **porcini** vous donne une émotion fabuleuse

卡布奇諾野菇濃湯

LA CAPPUCCINO DE PORCINI

美味小撇步：

其實菇湯的濃稠度是可以調整的，如果你不愛太稠的湯，那就多加些高湯去調整。通常我都是在打好菇湯泥的時候，把這些泥倒回鍋中再煮一下，邊煮熱邊調味。加點鹽跟黑胡椒就可，喜歡白胡椒香氣的人，改白胡椒粉也行。

一般來説，煮好的湯上面灑上切細的荷蘭芹末即可，你也會覺得這樣的香芹野菇湯很不錯喝。愛玩點花樣，那就跟著我打奶泡，用小espresso 咖啡杯或小馬克杯裝好濃湯，然後淋上熱熱打好的奶泡，放上一朵義大利香芹看起來更高級。

通常沒吃完的菇湯會變濃稠，你可以先冰起來，想喝的時候，再加點水或高湯去調一下稠度就可以。你也可以在野菇濃湯加起司喔，建議你買整塊 Pamagiano 來刨起司粉比較香，再淋上一些橄欖油，更香更有義大利風情喔！

boîte 準備箱

temps de préparation 準備時間：
30 分鐘

L'outil utilisé 使用工具：
爐火 cuisinière、
深鍋 pot profond

personne 食用人數：
6 ～ 8 人份

l'épice principale 主要香料：
ail 蒜、oignon 洋蔥

Les ingredients 準備食材：
· 乾燥的義大利牛肝菌菇 10g
· 新鮮的香菇 100g
· 洋蔥 1/4 顆
· 蒜瓣 2 顆切細末
· 牛奶 200cc
· 新鮮荷蘭芹或香芹適量
· 雞高湯 800cc
· 橄欖油適量
· 鹽跟黑胡椒適量

Les étapes 作法步驟

1. 用熱水把 10 克乾燥牛肝菌菇泡開切細末。
2. 在鍋中用橄欖油把洋蔥丁與蒜末爆香。
3. 接著放入切片的新鮮香菇炒一下。
4. 然後再加入泡開的牛肝菌細末拌炒。
5. 再加入高湯用大火煮約 15 分鐘，煮滾後關火，用鹽跟胡椒調味。
6. 用果汁機把煮好的菇湯打碎泥，然後把鮮奶加熱打奶泡。
7. 打好泡的鮮奶趁熱淋在濃稠的菇湯上面，即可。

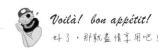

Voilà! bon appétit!
好了，那就盡情享用吧！

Ce potage
de **boeuf** me
rend fortement
à penser des
amis polonais

這牛肉湯總是讓我思念起波蘭同學

我們在臺灣的周末或假日派對上，很愛用伏特加調酒喝，特別是嚴冷的寒冬，喝上一杯微辣的伏特加，似乎特別溫暖。而對我來說，我在法國認識到好喝伏特加則來自波蘭，是我一起在巴黎念書的波蘭同學介紹給我的。不光是他們的國民酒，他們還告訴了我他們冬天所喝的甜菜根牛肉湯，那暖暖的湯真讓人著迷！

只不過，天氣冷的地方，湯冷得快，所以我波蘭同學說她們家習慣把爐子掛在火堆上頭暖著，每個回家的人都可以喝碗熱湯，配片很紮實又鹹的裸麥麵包，晚上就這麼喝一碗湯一片麵包。有時候，媽媽會煮馬鈴薯肉湯，也是一樣的吃法，這樣宛如依舊19世紀的生活，讓我對她的電腦常識感到一樣的驚奇！

我念文組外語系，電腦方面的常識很差，但在巴黎大學要繳作業，無論如何都要克服這方面的問題，才能順利把打好的報告繳交給教授。而我來自波蘭的同學，一開始就為了「關視窗」的習慣動作所困住了，她總是問我：「Levi 為何我看不到你第一次打開的畫面？你可以回到第一頁嗎？」我一整個無語……

因為，我頭一次遇到電腦比我還糟的人！後來我教了她幾次，她還是一樣不解。年輕時的我很沒耐性，就氣呼呼跟她說：「fermez tous les fenêtres，je ne sais pas pourquoi vous ne comprenez pas？！你就關上所有視窗，我不懂這有什麼難的？」她只好冷冷的回答我：「levi que tu es méchant 你好凶喔！」

之後，她再也沒有，也不敢麻煩我了！但我也失去了人生的第一位波蘭同學。她們很努力來到巴黎求學，其實只是為了生活下來，經濟環境不好，讓她們在年輕的歲月裡，唯一的理想，就是在一塊自由的土地生活下來。我常在巴黎街頭，看到一些東歐來的婦女，依舊穿著蓬蓬的長花裙，總會想起我波蘭同學。

她們應該算是巴黎最美的異國風景，跟某些回教國家來的包頭巾女子一樣，有著神秘的生活背景。回臺灣的時間一久，反倒讓我想念起在巴黎認識的波蘭同學，特別是在煮這碗用甜菜根入菜的牛肉湯裡，在朦朧的湯霧中，我彷彿看到了同學的家，那一鍋正在滾煮的馬鈴薯肉湯，她媽媽在廚房的身影，有一種溫暖……

我同學說，她們家煮牛肉湯的肉，通常都是市場賣剩的肉，不像在巴黎市場裡都還有分部位的牛肉。她要是知道我煮牛肉湯都用從美國進口的牛腩肉切塊，鐵定也會覺得我吃太好！不過，生活就是這樣，必須無奈的面對需要面對的無奈，逃到別處自己認為的天堂，也許有天你會發現，「天堂」其實在一碗熱湯裡！

那就讓我們開始吧！

甜菜根香芹牛肉湯

LE POTAGE DE BOEUF AVEC BETTRAVE ET CÉLERI

美味小撇步：

我喜歡把西洋芹葉子摘下來切碎，然後灑在湯上面當擺飾。在我的美食經驗裡，茴香、甜菜根、西洋芹跟番茄這幾樣蔬菜香料，幾乎都是相襯香陪的。茴香可以讓牛肉的香氣更舒服，而西洋芹有點茴香的味卻可讓湯喝起來香且清爽；甜菜根很營養但有菜青味，透過番茄酸香的平衡，反倒激盪出一種協調的美。

就像我在南瓜濃湯裡頭也會放些小茴香提味，這都是透過長期的美食味蕾經驗所堆積出來的「搭配哲學」。我有，你們大家也會有！所以，有時候不妨多旅行多品嘗各種異國美味，累積自己的味蕾經驗。相信你將會，不光是湯品裡，連主菜、甜點也都可以創作出專屬於自我想法的味蕾搭配，很有趣。

boîte 準備箱

temps de préparation 準備時間：
40 分鐘

L'outil utilisé 使用工具：
爐火 cuisinière、
深鍋 pot profond

personne 食用人數：
8 ～ 10 人份

l'épice principale 主要香料：
cumin 小茴香

Les ingredients 準備食材：
· 美國進口牛腩肉約莫 500 ～ 600g
· 西洋芹 2 根
· 甜菜根一顆
· 洋蔥 1/2 顆
· 牛番茄一顆
· 橄欖油少許
· 小茴香半茶匙
· 雞高湯 1000cc
· 海鹽跟黑胡椒粉適量

Les étapes 作法步驟

1. 把牛腩肉切方形小塊，每塊長寬約 1.5 公分，用熱水汆燙過備用。

2. 在番茄上面畫十字用熱水煮過，泡冷水脫皮切丁備用。

3. 甜菜根去皮切丁，西洋芹也去皮切丁，洋蔥切丁等備用。

4. 在深鍋中倒入橄欖油，加入洋蔥丁炒出甜味，再倒入汆燙過的牛腩肉。

5. 加入甜菜根丁、西洋芹丁與番茄丁等，倒入雞高湯灑上小茴香。

6. 煮到湯滾後關火，等隔夜。

7. 因為牛肉不容易軟爛，建議大家最好放隔夜再吃。

8. 隔天煮熱，然後灑上白胡椒跟海鹽調味即可。

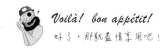

Voilà! bon appétit!
好了，那就盡情享用吧！

PART 03

repas principal

主菜

Comment ?!
Il faut d'abord laisser être *mariné* pendant une nuit

法國菜怎麼煮？最好都先睡一晚

我回臺灣的這段期間，每每打算幫朋友準備菜肴前，總是會先幫她們設計好菜單，花上幾天做事前的準備工作。即使只是一般的法式家常菜，準備也是要花上兩三天的。如把主菜的料弄好後，倒入一瓶適合入菜的紅酒，醃泡上一晚；或者是燉煮高湯，也是需要至少前一天做準備，因為煮湯調味都需要靠這一鍋高湯。

我每次在準備南法料理時，都會想到那些南法的媽媽們說的話，我們時間很多，可以邊喝酒邊切菜。也正因如此，舉凡法式雜菜炊 ratatouille 或是法式蔬菜湯 pistou 都是把菜切細丁，一堆根莖類的菜切細丁，還真是得花一堆時間！建議你要煮法國菜，心不能急，要花一堆時間東切西切，然後慢慢享受那廚房時光。

在臺灣的生活，大家都比較少花時間在廚房，很多職業婦女的媽媽或小資男女往往也只有周末假日才有辦法跟廚房好好相處，卻也幾乎很難做上一堆大菜。除非在周五或周六晚上就把隔天要用的食材先醃好放冰箱，或是像牛肉湯之類的就必須先煮好放一晚才能確保肉質軟嫩入味，基本上做這些菜都無法在半天內完成。

我有些接觸過法國菜大廚的朋友都說，他們常看到某些大廚為了熬煮一道雞湯或醬汁可能都要弄上半天的時間。大廚在廚房裡，真的是他的玩樂天堂！我也常覺得自己很妙，有時可以在廚房待上一天，一會兒煮湯；一會兒醃料；一會兒做甜點等。基本上，除非像專業廚房那樣的空間與人手，不然要賣法國菜真的很難。

要知道，法國菜以前都是法國皇室及貴族在享用的，「花時間與費工」是必然的，今天就算要轉成商業模式，整個流程的規畫更是要煞費心力，怎麼可能是在顧客「急促下」完成？所以，在法國的上班族們沒有人敢說他們的「商業午餐」要品嘗法國菜！或是把法國菜以「商業午餐」方式呈現，那就是一種手法欺騙！

也就是說，這些菜都是先經過烹煮後，最後的階段只是「熱菜」，然後在盤飾上面做做表面文章罷了，根本就是讓你錯覺 fine dinning 然後收介於高檔跟低價之間的餐費，讓消費者覺得划算的手法。所以我不認為「商業午餐」，可以出現品質優異的法國菜，不然頂多只會出現很表面或很粗糙組合的「法國菜拼盤」罷了。

從熬各類入菜的高湯起到讓食材浸泡一晚的醃料 mariné 法，光這些時間與人工成本，賣比一般的餐點貴些是應該的。但，反之，如果假法國菜之名，行簡式加熱西餐之實，這樣的餐點我們不如自己在家做，買比餐廳好的食材自己在家輕鬆做，等技巧熟練些，做出一桌美味主菜，可是會羨煞很多好朋友的！

那就讓我們開始吧！

讓笑聲飄向山城的烤雞料理

那一年我們去南法普羅旺斯玩，真的就照彼德梅爾 Peter Mayle《山居歲月》的書上介紹走。從 avignon 亞維儂租車，經過 arles 亞爾、cavaillon 卡維庸，驅車直搗寂靜的山城。那時候，我們選擇在亞普 apt 的某家小酒館午餐，這是我頭一回接觸到普羅旺斯式烤雞，那鮮嫩香脆的外皮與雞肉的香氣，還真是讓人難忘！

一樣坐在二樓的另一桌客人，聽口音似乎來自美國，穿著也像是大剌剌的貴婦，鬆鬆的頭髮配上鮮豔的口紅，那笑聲可是超級驚人的大聲，幾乎可說是響徹雲霄，特別是在寧靜的山城。我們一行人點了當地的烤雞料理，邊吃邊感受山城的美好，只有美麗的陽光以及遠處山城後面樹林裡傳來的鳥的叫聲。

我想起了這裡的人吃珠雞，還有其他山林裡的野味，都是用隆河河谷所產的果香味濃郁的紅酒來入菜烹飪，讓野味的味道變得比較好入口。我還記得不知道是誰家的小豬跑丟了，然後我法國朋友說那應該是某某人家養的，我想說他們怎麼那麼厲害？連這小豬是誰家養的，他們都知道！

看似地方很大的普羅旺斯，人跟人之間的聯繫似乎是相當緊密。我在那邊，不管是去玩還是居住，總是會碰到某個小鎮的人，他說到他認識另一個山城小鎮的人，因為地方大，開車跑來跑去很必要，也許正因如此，兩個遙遠距離的山城小鎮就這麼聯繫了起來。這情形，讓我想起了普羅旺斯的特殊香料組合。

一般來說，普羅旺斯的經典香料 Herbes de Provence 裡有著迷迭香、白里香、奧勒岡葉、馬約蘭等，甚至會加了一點點薰衣草。而其香料有名到，你走來走去都會看到，在任何小店也幾乎都可以買到。從香料、香料油到香料醋等，都是要讓你把普羅旺斯的原野風味帶回去，甚至在勾德 gordes 這山城旁邊的賽農克修道院也都有香料藥酒可買。

12 世紀創立的賽農克 Abbaye Notre-Dame de Sénanque 修道院，到目前仍就是來勾德山城必定造訪的聖地。有一回我帶家人去朝聖，跟我學中醫的哥哥說，這裡的藥酒很有名，不妨買回臺灣喝喝看。他回臺灣後就把這藥酒放入冰箱中，只要有機會就會拿出來請他朋友品嘗看看，結果，事隔多年，那瓶藥酒還被放在冰箱。

我很接受歐洲人對香料入菜的觀念，相對的，在把香料運用到油醋或是酒的生活觀念上，我一樣很能接受，因為那些香藥草的味道我很喜歡。這樣使用香藥草的生活智慧最早可以追溯到羅馬時期，甚至是埃及。香藥草可以殺菌、消毒，甚至入藥的學問早深植歐洲人心裡，而且以前只有修道院的人才能翻閱藥典。

修道院的人掌握了當時的醫藥、教育典籍，也要負責幫人民治病，所以他們自然對香料的知識豐富許多。我喜歡普羅旺斯滿地的香氣，更愛用那香料烤出來的烤雞風味，那上了桌的香氣，可是飄到山城的另一邊，跟那美國女人的笑聲一樣。

Le poulet *rôti* au thym m'appelle la souvenir de Lacoste en provence

那就讓我們開始吧！

百里香烤雞佐糖漬香料洋梨

LE POULET RÔTI AU THYM AVEC LA POIRE CONFITE À L'ÉPICE

osciller 擺盤

先放一個長形的盤子，算好糖漬洋梨與烤雞的距離，然後在放烤雞的位子上先擺好煎好的香料番茄片，然後淋上煎番茄的香料雞汁，最後再從烤箱裡頭拿出烤到外皮酥脆的雞腿肉，放在香料番茄片上。

接著，在算好的糖漬洋梨的位子放上洋梨。其實在擺盤的想法上，我建議大家可以多加入自己的用餐經驗。比如，番茄片下面也可以放片烤好的法國麵包，或者是用蒜味烤過的法國麵包也行。

而搭配雞肉一起吃的洋梨，你也可以換成焦糖奶油煮的水蜜桃，或者是蘋果，然後搭配一些生菜沙拉，都是相當解膩且美味的方法。我其實早已忘了在南法吃到的那道烤雞是搭了哪個配菜？但那鮮嫩烤雞肉裡所散發的香料味，是我永遠無法忘懷的，焦香的皮與美好的肉汁，都是這道烤雞最迷人的風味記憶！

boîte 準備箱

temps de préparation 準備時間：
45 分鐘

L'outil utilisé 使用工具：
爐火 cuisinière 跟烤箱 four

personne 食用人數：
4 人份

l'épice principale 主要香料：
thym 百里香、cannelle 肉桂

Les ingredients 準備食材：
· 去骨雞腿 2 隻各對半切
· 牛番茄 2 顆切 4 片
· 西洋梨 1 顆切 4 片
· 橄欖油少許
· 百里香香料少許
· 海鹽跟黑胡椒適量

糖漬材料：
· 糖 50g
· 水 100cc
· 肉桂一根
· 檸檬汁 2 滴

Les étapes 作法步驟

① 把雞腿肉斷筋，調入海鹽跟黑胡椒、百里香，然後灑上橄欖油醃漬 10 分鐘。

② 拿一小鍋倒入糖跟水、檸檬汁，煮沸糖融化後，放入肉桂煮 2 分鐘。

③ 煮好了肉桂糖水，放一旁，把切好的洋梨片放入，備用。

④ 在熱鍋中放入醃漬好的雞腿肉，皮朝下煎至焦脆，翻面繼續煎到表面焦黃。

⑤ 雞腿肉煎半熟後放入烤箱，調 170 度繼續烤 20 分鐘。

⑥ 先在番茄上面沾些麵粉，然後用煎雞腿肉留在鍋中的油煎。

⑦ 番茄煎到兩面焦黃後灑上普羅旺斯香料與海鹽調味。

Voilà! bon appétit!
好了，那就盡情享用吧！

La *côtelette* de
porc grillée me resemble
à la cuisine brésilienne

果香味十足的豬肋排有巴西風味

以前，臺北市有很多巴西窯烤專賣店，如果大家還有印象，每一間店都是吃到飽，服務生會拿出一把烤肉的長刀，上頭插了很多剛烤好的肉，然後每桌每桌問客人，是否要來上一塊？這樣的吃法與烤肉美味，曾經風靡一時。現在，臺北市的巴西窯烤少了，而巴西的咖啡香氣卻深植人心，還有很多臺商去巴西闖天下！

有一回，臺北信義區的某家高級飯店請來了巴西烤肉師傅，把以前的窯烤風味再度展現，讓我一吃就彷如回到年輕的時代，那一口咬下就充滿肉香與果香的風味，表面上帶有點焦脆口感，真是迷人的不得了。各種肉類的肉質不同，師傅也要掌握肉質的特性，所以別以為烤肉很簡單，要掌控外焦內嫩的火候還真不容易。

在準備這本食譜書的菜單時，我想到法國很多菜都喜歡運用鐵鍋，然後把肉「先煎後烤」，等肉兩邊焦熟後，整個連鍋子送入烤箱中一起烤，烤出來的肉香嫩好吃，而且外表特別焦脆美味。當然，就師傅教的方法，帶骨的肉，無論是豬肋排或帶骨牛排，都會特別香。然後把烤好的肉切下，留下骨頭可以做肉醬汁。

於是我打算在這本書中告訴大家，如果你家附近的超市或量販，還是傳統市場，你可以先跟肉販說一下，請他保留你肉排的完整性。你就可以在家裡做碳烤豬肋排，無論是整排一起烤還是切一條條的帶骨肋排，都可以烤出美好的巴西風味。所謂的巴西風味，不外就是運用很多水果，然後加入檸檬、柳橙等果酸去醃肉。

我會加點蘋果或水梨去提升肉的甜味，就像法國人喜歡用杏桃、蜜李等果乾去泡酒後醃肉，用酒帶出水果香氣，接著引入肉中。特別是很多肉卷，在把酒漬果乾用肉片包捲起來之前都會先用萊姆酒或白蘭地去醃漬過，讓果乾回到原來的膨度，跟著核桃杏仁果等堅果一起包入肉中，然後進行煎烤，也是一種做法。

用水果入菜，早在羅馬時期就如此了！葡萄是最早入菜的一種水果，在西班牙或葡萄牙等地還有很多道菜，會用酒漬葡萄乾來入菜。愈往北走，你會發現用根莖類蔬菜的比例相對增加，感覺上南歐地區的富足享樂，還是完全展現在美食上。而早年受南歐飲食文化影響的中南美洲各國，以水果入菜的狀況也是很多。

巴西師傅說，他們在肉的醃漬上，除了水果，就是多款香料。這讓我想起法國很多醃料裡所使用的整顆洋蔥上面，往往會插上一粒一粒的丁香，而我多年的烹飪經驗裡，丁香或豆蔻之類的香料，有去肉羶解膩的功用。所以像羊膝等風味重的肉，多半會加這樣的香料。而我在肉排上插丁香，完全是因為它跟水果很搭。

我常講，在做菜的「道理」上面，你應該要熟知誰跟誰是好朋友？比如，松露是蛋的好朋友，所以松露加蛋絕對美味；柑橘是丁香的好友，所以有柑橘類的東西加點丁香絕對沒錯。當你愈了解這樣的道理，你就愈能求新求變而不離題。這也是當下年輕朋友在學菜過程中必須慢慢撿拾的道理，不然做菜就會是一場災難！

那就讓我們開始吧！

果味丁香碳烤豬肋排

LA CÔTELETTE DE PORC GRILLÉE À LA SAVEUR FRUITÉE ET CLOU DE GIROFLE

如果你還想要準備肉醬汁：

那就先切下肉的部分，留下帶點餘肉的骨頭。在剛剛煎肉的鍋子中倒入一半白酒，讓酒把煎肉的菁華煮起來，然後放入洋蔥末去煮，接著放入雞高湯跟剩餘的白酒，還有番茄泥，這是屬於紅色肉醬汁的做法。

如果你喜歡白肉醬汁，那就把番茄泥改成鮮奶油去煮，煮的時間會比番茄醬汁短些，因為鮮奶油不適合高溫久煮。一般如果你是烤羊或烤牛，我都會建議拿肉骨來煮番茄醬汁。反過來，如果豬肋排或雞肉排，也可以改煮奶油白醬汁。

在這些醬汁中放一些根莖類蔬菜也很不錯，像紅蘿蔔、馬鈴薯或蕪菁之類的都不錯。我個人很愛芹菜根莖的香氣，但也不是很容易找得到這類根莖蔬菜。用肉骨熬煮出來的醬汁，除了沾肉吃外，也可以像燉肉般配飯或義大利麵吃。

重點是，會愈熬煮愈濃郁，鹹度也會提高，也適合沾麵包吃。有時我會烤麵包，然後把醬汁弄熱，沾醬汁吃就當一餐，還滿幸福的喔！你不妨也試試。

boîte 準備箱

temps de préparation 準備時間：
45 分鐘

L'outil utilisé 使用工具：
烤箱 four 跟煎鍋 poêle

personne 食用人數：
4 人份

l'épice principale 主要香料：
clou de girofle 丁香

Les ingredients 準備食材：
· 帶骨豬肋排 4 根 1 公斤
· 水梨 1 整顆打成汁
· 青蘋果 1 顆切片
· 檸檬 1 顆刨絲
· 檸檬 1 顆榨汁
· 丁香 20 粒
　（ 每條肋排插 5 粒 ）
· 海鹽跟黑胡椒適量
· 橄欖油少許

肉醬汁：
· 洋蔥 1/2 顆切碎
· 白酒 100cc
· 番茄泥 50cc
· 雞高湯 500cc

Les étapes 作法步驟

1. 把豬肋排洗淨擦乾水分，用海鹽跟黑胡椒粉醃過，表面插上丁香。

2. 放入醃盤中，倒入水梨汁、檸檬汁，接著放入蘋果片跟檸檬皮絲。

3. 蓋上保鮮膜，放入冰箱冷藏一晚。

4. 隔天，在鍋中放點橄欖油，取出豬肋排放入鍋中煎到兩面焦黃。

5. 放到鋪了錫箔紙的烤盤裡或直接連鍋子一同放入烤箱，用 220 度烤 30 分鐘。

6. 想只品嘗果香味十足的碳烤豬肋排的人，這時候就可以準備享受了。

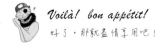

Voilà! bon appétit!
好了，那就盡情享用吧！

Le pot des *moules* n'est pas vraiment facile à cuire

淡菜鍋看似簡單卻不容易煮

到巴黎旅行的人，一定會看到這家叫作 léon 的淡菜 moules 鍋專賣店。店內許多款用鐵鍋煮的、焗烤過的淡菜，每個品嘗的人用吃過淡菜的殼夾起炸著條沾芥末醬或番茄醬吃，還真是有趣！一整個店內透過酒煮的淡菜香氣，溫暖了整個冬天，特別是在冬季濕濕冷冷的巴黎街頭經過這家淡菜鍋店，真有感覺。

我巴黎的學校附近，就是聖日耳曼德佩 st. Germain des prés 大道上就有一家。掛著比利時來的淡菜鍋專賣店，有朋友跟我說這家店來自布魯塞爾。於是有一年我跟朋友一起去比利時玩時，還特地去造訪它的創始店。也同樣剛好是寒冷的冬天找到這家在巷內的小店，當下覺得這個淡菜鍋的想法很厲害。

目前這家淡菜鍋已經在歐洲各國有了自己的分店，不只限於布魯塞爾跟巴黎，而且透過它的官網（http://www.leon-de-bruxelles.fr/accueil.php）你還可以了解到一般吃法跟名人們的吃法，真是好玩。在我們那個年代，服務生都會教你用殼夾起淡菜肥美的肉來吃。回臺灣之後，這個對淡菜的記憶曾經深深埋了起來！

直到有天，我的馬祖朋友跟我說，他們馬祖所產的淡菜也相當肥美。而且跟臺灣進口的歐洲淡菜不同是，馬祖的大顆且肥美。馬祖朋友跟我說，愈冷愈肥美，所以有時也會有瘦瘦的淡菜。上次我剛好去馬祖南竿介壽堂前的傳統市場，看著一大把牽線的淡菜正被販商一顆一顆切下來，秤重賣！

這幾年，隨著消費者愈來愈知道馬祖的淡菜肥美好吃之後，讓馬祖的淡菜價格水漲船高，已經漲到讓馬祖人頗有微詞。用浮板綁住麻線在海上漂流圈養的淡菜，約莫秋風起時就開始肥美，可以吃到過年前，這段時間也是馬祖的旅遊淡季。誠如我常說，無論歐洲或臺灣，海鮮產季幾乎都是旅遊淡季，看你想玩還是想吃？

之前有朋友常誇口說她自己煮的淡菜有多好吃，我吃過只覺得味道淡，少了些什麼？等我一還原我在歐洲吃過的風味後，我知道她用的奶油跟酒不對。這只用蒜、洋蔥、西洋芹、奶油跟白酒煮出來的淡菜鍋是 léon de bruxelles 店內的基本款，也是吃的人最多的入門款。白酒與奶油的使用不可或缺！

因為這兩種材料，可以讓淡菜流出的鮮美湯汁呈現白濃效果，不管是拿來拌麵或用麵包沾著吃都相當美味。濕濕冷冷的冬天，有濱海小鎮的味道，也特別適合這樣的海鮮美味。宛如煮淡菜鍋時散發出來的蒸氣，煙霧蘊籠上窗戶，我有幾度在海邊度過冬日的感受，正是如此，需要一杯溫熱的咖啡或一鍋冒煙的淡菜。

那就讓我們開始吧！

奶油白酒西芹淡菜鍋

LA COCOTTE DES MOULES À LA MARINIÈRE

 osciller 擺盤

裝淡菜的料理，基本上需要用到有點深度的盤子，可以盛裝鮮美的湯汁。等你把鐵鍋端上桌後，撈出淡菜跟湯汁後，再把準備時所拔下來的西洋芹葉子切碎灑上去。西洋芹葉子的香氣跟淡菜的奶油白酒香是很搭配的，所以我會建議你把拔下來葉子留下來。

如果想要吃點麵包，用蒜頭切面在法國麵包上塗一塗，再抹上奶油去烤到稍微焦黃後，放在淡菜盤旁作搭配，相當溫暖且好吃。這樣的吃法，每每把我拉回到海邊小鎮的冬日記憶裡，吃海鮮、喝白酒，幾乎是法國海口人最美好的生活經驗。

 boîte 準備箱

temps de préparation 準備時間：
30 分鐘

L'outil utilisé 使用工具：
爐火 cuisinière 跟鐵鍋 cocotte

personne 食用人數：
6 人份

l'épice principale 主要香料：
céleri 西洋芹、ail 蒜

Les ingredients 準備食材：
· 淡菜 20 顆
　（每人抓 3 ～ 4 顆的量）
· 西洋芹 2 枝去皮，留下葉子作裝飾
· 1/4 顆洋蔥切碎末
· 蒜頭 3 瓣切碎末
· 半鹽或無鹽奶油 20g
· 白酒 100cc
· 小茴香少許

Les étapes 作法步驟

① 直接在鐵鍋裡放入奶油融化，然後放入蒜末跟洋蔥末炒香。

② 再放入西洋芹碎丁炒一下，接著放入淡菜。

③ 然後把白酒倒入，蓋上鍋蓋，用中火燜煮約 10 分鐘即可。

④ 我額外的小撇步就是多加一點點小茴香提味。

⑤ 建議你，鍋蓋打後如果淡菜開殼就可以了。

⑥ 基本上淡菜所釋放的海洋天然鹹味應該夠，不需要再調味。

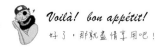

Voilà! bon appétit!
好了，那就盡情享用吧！

法國人很愛用青蒜入菜求溫暖

有一年，我到大陸廣州去，看到大陸當地的蒜，真是粗大！頓時讓我想起在法國生活的日子，特別是冬天，很愛用蒜 poireaux 煮湯，不管是煮 pot au feu 還是煮濃湯，青蒜幾乎都是湯頭甜味的來源。其中的道理，不外是愈嗆辣的食材，煮熟了反倒變成了甜味，使湯頭更加香甜溫暖，特別是冬天總需要這碗熱湯。

於是，我在廣州的超市裡買了那粗大的青蒜，買了奶油、牛奶跟馬鈴薯，煮了一道鄉村風青蒜奶油濃湯給大陸的朋友喝。一下子，豔驚四座，大家紛紛詢問這湯裡頭是什麼？怎麼會如此清甜？我說了，就是你們常拿來配臘肉的青蒜啊！哇！他們好驚奇，原來在遙遠的歐洲法國，這種蔬菜總是拿來煮湯或搭海鮮。

在臺灣的冬天，特別是農曆年前，青蒜的價格總是飆高！因為大家都會買來搭配年節臘腸臘肉或烏魚子。在每年的 4 月 6 號這天，法國北部的 moncheaux 蒙舍地區會固定舉辦 fête des poireaux 青蒜節，當地的青蒜以帶深綠接近湛藍色的葉子聞名，蒜白的部分帶有甜味，可以拿來做很多種料理，包括大家熟知的鹹派等。

日本也有類似這樣品種的甜蒜，在臺北的貴婦超市買得到！建議你就單吃這樣的貴氣蒜。對料理，我的堅持是，太貴的食材你就直接吃了吧！煮了可惜。而，如果臺灣就有的食材，建議你在盛產的當季買來做料理或直接食用，畢竟合季節的食物，既好吃又便宜，就不一定要花大錢買貴婦超市的進口貨。

因為青蒜久煮後反倒會逼出甜味，我就會買冬天才有的青蒜來煮魚。愛作菜的你，也該知道秋冬是屬於品嚐海鮮的季節。這蒜除了煮濃湯外，還可以煮帶殼類的海鮮，搭冬令的小番茄也很對味。而我在不講究配色上面，以市場新鮮的海鱸魚來入菜，配上奶醬，這樣的魚吃起來很溫暖，有青蒜香氣與奶油香。

其實我在法國的生活經驗裡，學到的是「味道的豐富層次」。所以，你不能只放青蒜、奶油跟魚而已。這樣煮出來的味道，鐵定是無聊的！沒有入口就讓人驚豔的層次感。在這樣的烹飪邏輯上，你需要找尋出欠缺的味道與香氣。我的邏輯是，要多一點小茴香、白酒香，還有洋蔥跟蒜頭的味道層次。

剛剛講的這些小配角都很重要，它會讓主要的食材更加出色，但不搶味。但是，話說回來，配角就是配角，也不能太搶戲。像白酒的選擇，我就會找帶點酸味、平淡卻帶點果香的白酒，小茴香的運用則是在青蒜與魚鮮、奶香中找到一種突出的衝擊，但它的功用在於解奶油的膩，讓你開開心心吃完這道菜。

Les français
aiment bien
cuisiner des

poireaux
en hiver

那就讓我們開始吧！

青蒜奶醬鮮烤海鱸魚

LOUP DE MER À LA CRÈME AUX POIREAUX

osciller 擺盤

上菜的方法，你可以把整鍋表面烤到焦黃的魚直接端上桌；你也可以把魚先撈起來放在有深度的盤子裡，再把烤過的蔬菜撈出來鋪在魚身上。把鍋子裡剩下的醬汁加一點點麵粉去煮一下，就可以煮出濃郁的醬汁，再淋上魚跟菜上面。

通常，你可以用荷蘭芹切碎灑在菜上，這樣多一點綠意很美。你也可以在蔬菜方面，加點紅黃椒切絲也很搭味道，我不直接加的原因，是因為有些人會排斥紅黃椒的味道。這道魚料理，你除了海鱸魚外，馬頭魚、黃魚等也相當適合，觀念上很簡單，只要是肉厚少刺的白肉魚，基本上都可以，但最好是海裡來的！

boîte 準備箱

temps de préparation 準備時間：
45 分鐘

L'outil utilisé 使用工具：
烤箱 four 跟煎鍋 poêle

personne 食用人數：
6 人份

l'épice principale 主要香料：
poireaux 青蒜、cumin 小茴香

Les ingredients 準備食材：
· 海鱸魚約 800g 一大隻
· 青蒜苗 100g
· 小馬鈴薯 160g 約 2 小顆切小方塊
· 小紅蘿蔔 100g
· 綠甜豆 100g
· 洋蔥 100g 約 1/4 顆切碎
· 海鹽及黑胡椒少許
· 小茴香少許
· 鮮奶油少許
· 橄欖油少許

Les étapes 作法步驟

1. 把魚洗淨表面上劃格子，抹上黑胡椒跟海鹽醃 20 分鐘入味。

2. 用鍋子倒入橄欖油，放入海鱸魚煎到兩面焦黃。

3. 然後把魚放入深鍋當中，備用。

4. 用剛剛煎魚的油鍋，把青蒜苗、洋蔥及蔬菜等放入拌炒。

5. 炒至半熟後，放入已經擺好魚的深鍋，灑上小茴香、白酒。

6. 最後倒入鮮奶油，放入烤箱用 400 烤約莫 30 分鐘即可。

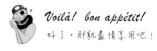

Voilà! bon appétit!
好了，那就盡情享用吧！

Les ***boulettes*** de boeuf chez les familles européannes du sud

南歐人的家常牛肉丸

肉丸子，真是種有趣且討好小孩的食物！把丸子壓一壓就可以變成漢堡肉，丸子裡面也可加 chedar 或硬質 mozarella 起司塊，就變成咬下去會「牽絲」的起司丸子。那口感與品嘗的過程，真的很令孩子們瘋狂。把肉丸子壓成漢堡肉煎一煎，一旁跟著煎蛋，然後用烤好的麵包擺放些生菜與肉跟蛋，就是美味的早餐了！

在南歐的媽媽們，幾乎每個人都會做肉丸子，用一半牛肉一半豬肉，用力摔一摔打一打，讓肉泥甩出筋性，接著調味，灑點麵粉，呼來大人小孩一起邊聊天邊搓丸子，自己去煮番茄醬汁。在茄汁咕嚕咕嚕響時，香氣有油然飄散過來。一家人歡樂作菜，讓孩子們了解到鍋中的丸子是自己手工捏的，自然會覺得特別好吃。

在北義或南法的家庭裡，這樣的茄醬丸子，往往都是搭配著香氣舒暢的甜羅勒。因為羅勒的香氣可以讓肉丸子吃起來更加不油膩，牛豬的肉味也較不逼人。我去南法的同學家，他們都好愛用番茄入菜，醬汁也多半是用番茄去煮。講究一點的小餐館還會用烤過的豬骨或牛骨去熬煮番茄醬汁，這樣的 sauce 可真是風味十足。

如果你家裡剛好沒有烤過的豬肋排骨或牛骨肉，那也沒關係！直接用蒜、洋蔥爆香，加入大量的番茄跟雞高湯，一樣可以煮出風味美好的醬汁。但，最好是用煎過丸子所滴下來的肉油去煮，肉汁的風味自然而然融入醬汁中，完全不輸給用烤肉醬汁所作出來的豐富度。

料理手法千變萬化，我常常說，專業廚房所做出來的菜肴精緻且豐富，因為有其專業設備。而我看到的南歐媽媽們，在她們簡單設備的小廚房裡一樣可以做出美好的佳肴，多半是因為她們知道怎麼運用食材！比如，無法像專業廚房每天熬高湯，她們卻懂用煮過的肉湯挖幾杓來烹調食物，因為她們沒有味精這樣的調味品。

而煎過的肉丸子所滴下來的肉汁，正所謂是肉的菁華，她們就倒紅酒來把肉汁泡出來，然後用蔬菜去煮，一樣可獲得如加了高湯般的美味，這就是烹調的經驗。每次煮這肉丸子，我就想起在南法的烹飪時光，那些媽媽們一口酒一邊做菜的開心神情，就讓我覺得，美妙的生活，不正是如此的情境！

那就讓我們開始吧！

茄醬家常牛肉丸佐甜羅勒

LES BOULETTES DE BOEUF À LA SAUCE TOMATE AVEC BASILIQUE

osciller 擺盤

從烤箱裡拿出烤到表面略焦的茄汁牛肉丸，等約 2 分鐘上菜（畢竟剛烤好很燙，小心燙到孩子），表面的熱度下降後，再把剪碎的甜羅勒鋪上去，淋上橄欖油，這時候羅勒跟橄欖油的香氣撲鼻而來，這將會是你人生最美好的享受時刻！因為，接下來的瞬間，你可能會發現烤盤裡的丸子被掃光，只留下醬汁沾麵包！

boîte 準備箱

temps de préparation 準備時間：
45 分鐘

L'outil utilisé 使用工具：
爐火 cuisinière、烤箱 four、深鍋 poêle

personne 食用人數：
6 人份

l'épice principale 主要香料：
cardamome 荳蔻、
poivre noir 黑胡椒

Les ingredients 準備食材：
· 牛絞肉 250g
· 豬絞肉 250g
· 紅番茄 3 顆
　（也可以加半罐番茄糊增加顏色）
· 半顆洋蔥切碎
· 蒜頭 3 瓣切碎
· 橄欖油 100cc
· 海鹽或黑胡椒少許
· 甜羅勒 6 片剪碎
· 麵粉少許

Les étapes 作法步驟

1. 先把牛豬絞肉拌在一起，然後用刀子在肉上剁，剁出筋性。

2. 剁好的肉灑上黑胡椒、海鹽調味，接著灑上麵粉，拌在一起。

3. 把肉團用湯匙挖起一球，用手搓圓備用（如果想加起司塊也可此時塞進肉裡）。

4. 在番茄上用刀子劃十字，放入水中煮沸，接著沖冷水去皮切碎。

5. 在鍋中倒入橄欖油，等油熱了放入肉丸子煎至表面焦黃。

6. 把丸子撈出放一盤子中，然後在煎過的油裡放入蒜末、洋蔥末。

7. 接著放入番茄碎，甚至可以加入罐頭的番茄糊，把番茄煮出茄紅素。

8. 再來就是把剛剛煎好的丸子放入番茄糊中，煮 2 分鐘。

9. 煮的時候順便調味，然後倒入烤盤進烤箱用 200 度烤約 20 分。

里維的巴黎廚房／主菜

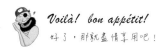
Voilà! bon appétit!
好了，那就盡情享用吧！

愈燉愈好吃的南歐橄欖茄汁燉肉

雖然歐洲很多菜肴都講究食材新鮮與產地來源，因為他們有產地保護政策，所以通常只有某些地方出產的物產才能叫那個名字。而料理的方法，也如出一處般講究「隔夜隔餐吃」最好，當所有食材風味完全融合之後，那一道菜從醬汁到肉品統統是風味滿滿，會比剛煮好的時候吃，來得更佳。

這就是「ragoût 燉煮」這種料理手法的意義，像大家最熟悉的 boeuf bourgignon 紅酒燉牛肉就是源自這樣簡樸且傳統的料理手法。畢竟都是來自早期農村鄉間的傳統菜肴，邏輯上就是燉上一大鍋，不管是給一大家族人口吃或是隔餐繼續吃，都是這道「愈燉愈好吃」菜肴最主要的功用。

雖然說這種料理手法有很多表現方式，如用牛肉高湯或雞高湯所燉煮出來的燉肉就風味不同。而我偏愛用番茄泥加雞高湯去燉肉，不管是雞肉或豬肉都很適合。當所有蔬菜與白葡萄酒的風味一起燉進肉鍋中，好吃的不再只是肉，而是融合了肉汁的番茄蔬菜醬汁。那沾起麵包吃的滿足感，只要是試過就會愛上。

這樣的傳統燉煮菜色，其實在歐洲各地的鄉間都有，也都是媽媽們的拿手廚藝！但只有南歐慣用番茄泥或整粒番茄去煮，甚至會加入橄欖（去籽或有籽都可）讓燉肉的風味多了一股茄汁與橄欖的美味，而且解肉的膩。我

以前去普羅旺斯住時，就常吃到這樣做法的燉肉，印象深刻，而且香料還是加了普羅旺斯的。

在普羅旺斯人心中，他們有種面對大自然環境的自在與韌性，畢竟風災跟水禍早就讓他們習以為常的大地無情。所有不管是羅馬人留下來的建築或生活習慣（如路邊的飲水系統），他們都默默接受與傳承。在飲食方面也如此，燉肉的烹調味道上必然加入普羅旺斯人習慣的綜合香料，把這傳統燉肉呈現出普羅旺斯風味。

甚至還有些食譜會放入柑橘類的水果，比如說普羅旺斯紅酒燉牛肉就跟來自勃根地 bourgogne 地區的紅酒燉牛肉配方不同，普羅旺斯會加入普羅旺斯香料跟當地特產的柑橘，因為加入燉鍋裡的隆河流域紅酒也帶有香料與果香味，剛好有種融為一體的完整感。所以，大家就知道，紅酒燉牛肉也會有地區性的差異！

很多菜肴都是這樣，不一定從頭到尾都是統一做法。我想表達的是，菜肴本身做法也許是統一的，但過程裡所添加的食材會因地制宜地改變。這種 ragoût 法式燉肉的手法大家不妨學起來，只要記得一項重點，就是「每一項食材外表必先定色」，也就是說外表先煎到焦黃定色再去燉煮，這樣就會久煮不爛卻肉質軟嫩喔！

agoût de porc à l'olive sera
meilleur après une nuit

那就讓我們開始吧！

南歐風味橄欖茄汁燉肉

LE RAGOÛT DE PORC CÔTELETTE À L'OLIVE ET PURÉE TOMATE

 ## osciller 擺盤

首先説，在蔬菜的部分，你也可以考慮放些櫛瓜茄子片或紅黃甜椒配色，反正蔬菜的多寡看個人需求。然後肉的部分，也可以改用雞腿肉，比較不建議久燉後會乾柴的雞胸肉。

建議你吃這道菜，最好用有點深底的盤子盛，因為「淋上醬汁」是最重要的。然後，可以用蒜味奶油烤過的麵包或水煮過的義大利麵一起食用就很棒了！對愛吃米飯的家人來説，也是一道很適合的菜，那帶點肉汁的茄醬沾白飯，鐵定是要多吃上好幾碗飯的。

吃不完的燉肉冰起來，隔天或隔餐吃，你會發現，真的是愈吃愈好吃喔！

 ## boîte 準備箱

temps de préparation 準備時間：
45 分鐘

L'outil utilisé 使用工具：
爐火 cuisinière 跟燉鍋 cocotte

personne 食用人數：
6～8 人份

l'épice principale 主要香料：
origan 奧勒岡葉

Les ingredients 準備食材：
· 豬小排塊 600g
· 紅蘿蔔一根切丁
· 西洋芹 2 根切丁
· 洋蔥 1/2 顆切碎
· 黑橄欖 2 湯匙
· 番茄泥 4 湯匙
· 海鹽跟黑胡椒適量
· 雞高湯 500cc
· 奧勒岡葉 2 枝
· 白酒 100cc
· 橄欖油少許

Les étapes 作法步驟

1. 把切好的豬小排塊洗淨擦乾水分，用海鹽跟黑胡椒粉醃過，表面灑些麵粉。

2. 在燉鍋中倒入橄欖油，放入豬小排塊煎到外表焦黃，撈起一旁。

3. 把切好的洋蔥碎、紅蘿蔔、西洋芹丁，直接利用燉鍋中的油拌炒至上色。

4. 再把豬小排放回燉鍋中，放入奧勒岡葉、雞高湯、白酒、黑橄欖、番茄泥。

5. 原則上是用雞高湯把所有食材淹滿即可，燉到湯稠關火約莫 40 分鐘。

6. 建議燉一半時間時，把開鍋蓋看一下狀況，翻攪一下。

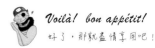

Voilà! bon appétit!
好了，那就盡情享用吧！

Les fruits de mer avec spaghetti sera un plat **adorable** pour tawainai

臺灣人最愛的海鮮義大利麵

臺灣人對海鮮的熱愛，也是我外國朋友告訴我的！他們來到臺灣自助旅行都會發現臺灣人熱愛海產店，連我在臺中開餐廳的那段日子，也發現店內的海鮮義大利麵是無敵的人氣。我法國朋友說，你們臺灣四面環海，吃海鮮相當方便，而且一年四季有各式各樣盛產的海鮮可以品嘗，真是幸福！

其實，我住在巴黎的時候，也發現海鮮對歐洲人來說，並不是那麼多種類。當然，西歐國家得天獨厚，大西洋與地中海的漁獲，讓靠海的地方出了許多海鮮烹飪的食譜。如南法的馬賽魚湯、義大利西西里島的傳統海鮮風味料理，甚至像西班牙巴塞隆納多款以海鮮為主的 tapas 與瓦倫西亞的 paëlla 西班牙海鮮飯等都讓我們去旅行過程裡體會到當地對海鮮的料理手法。

義大利羅馬的番茄相當有名，而波隆那的茄汁肉醬也是世界之名，在義大利媽媽的心裡，用新鮮番茄製作茄汁紅醬或茄汁肉醬等都是稀鬆平常的事。但我在臺灣的義大利餐廳裡鮮少看到廚師願意每天製作青醬（松子起司羅勒醬）、白醬（奶油醬），甚至是香氣舒服而且解膩的番茄紅醬。這些醬汁很重要，而且需要花時間熬煮。對義大利的媽媽們來說，煮醬汁是每天廚房必須面對的工作。

我其實很喜歡義大利人的生活，他們比法國人還隨性、不拘泥。「嚴謹」這兩個字，從來就不會跟義大利人沾上邊。他們早在文藝復興時期，就已經把美食融入到生活裡。就像我常說的，在一天的開始，你只要到義大利街上的咖啡館喝杯咖啡，從 barista 吧檯煮咖啡人員的工作節奏，與他們上班族拿份報紙喝杯咖啡，簡短的幾分鐘，就把當天的序曲拉了起來，生活的節奏就此展開！

你以為，他們會開始忙嗎？沒有。這只是晨間的節奏，也是生活。就算是米蘭、羅馬，你也是多半看到觀光客，頂多下班時分，又看到上班族下班走向車站。其他時間，你只會聽到教堂鐘聲與鴿子飛起的拍翅聲。巷弄裡是安靜的，不管是清晨或午後。歐洲的生活，不管到哪？都是慢中點出效率。一切都有固定的節奏，如咖啡機衝出了蒸汽，匡啷匡啷，一杯 cappuccino 卡布奇諾就到你手中。

吃飯也是，東西不花俏，卻是真材實料，這點比法國人實在多了。在巴黎或其他法國城市吃東西，有時真的還是會踩到地雷，但這點在義大利卻不常發生。幾乎可以說，我在佛羅倫斯 firenze 或是西耶納 sienna 吃到的野菇義大利麵差不多好吃，就算是在貝殼廣場那一大排給觀光客的餐廳吃，一樣美味！應該是說，他們對料理的堅持，該放什麼就放什麼，絕不亂改變。

那就讓我們開始吧！

茄汁海鮮義大利麵

LA SPAGHETTI AVEC DES FRUITS DE MER À LA SAUCE TOMATE

osciller 擺盤

我通常依照義大利的食用方法，在最後混合麵條海鮮跟茄醬的時候，拿出新鮮的羅勒葉，用剪的或是早切好灑上。羅勒怕高溫，如果你介意羅勒會黑掉，那我們就等要上桌前再灑上羅勒葉。你也可以把羅勒葉先泡水，形成一層保護，讓它鋪在高溫的義大利麵上時不會馬上黑掉，不妨試試。

最後，在品嘗這到茄汁海鮮義大利麵前，淋上一些香氣濃郁的橄欖油更佳。有人說，他不喜歡義大利人什麼菜啊麵啊比薩啊等，都會灑上一堆橄欖油。如果你用了對的，而且香氣舒服的橄欖油，你就會完全服膺在這樣的飲食文化喔！

boîte 準備箱

temps de préparation 準備時間：
35 分鐘

L'outil utilisé 使用工具：
爐火 cuisinière 跟鍋子 poêle

personne 食用人數：
4 人份

l'épice principale 主要香料：
basilique 羅勒、ail 蒜

Les ingredients 準備食材：
· 義大利細麵 500g
· 蝦子 12 隻去頭去殼
· 蛤蜊 16 顆泡水吐沙
· 花枝 2 隻去皮洗淨切圈
· 蒜頭 3 瓣切碎
· 洋蔥半顆切丁
· 橄欖油 100cc
· 海鹽或黑胡椒少許
· 甜羅勒 6 片剪碎

茄醬材料：
· 牛番茄兩顆
· 番茄糊一罐
· 橄欖油適量
· 蒜 4 瓣切碎
· 洋蔥半顆切碎

Les étapes 作法步驟

1. 先行製作茄醬，把牛番茄外表劃十字，用熱水把皮燙去後，切碎。

2. 在鍋中下橄欖油，加入蒜末、洋蔥末炒香，再放入番茄碎與番茄糊。

3. 轉中火慢煮約莫 15 分鐘，把茄紅素煮出後，關火，用鹽、黑胡椒調味備用。

4. 用深鍋裝水倒入橄欖油、海鹽後煮滾，然後放入麵條煮約莫 7～8 分鐘。

5. 把麵條撈起放一旁，先備用。

6. 我們先在另一個鍋子裡放入蒜末洋蔥末炒香，接著放入蛤蜊，倒入白酒，蓋上鍋蓋，約莫 2 分鐘後打開，蛤蜊應該開殼了。

7. 此時，馬上放入蝦子花枝，然後是麵條跟茄醬，充分拌勻。

8. 最後是調味，口味可以依照家人的習慣，海鮮種類也是可以變動。

Voilà! bon appétit!
好了，那就盡情享用吧！

加入勇氣與榮耀的法式傳統紅酒燴雞

中國菜有菜的典故，傳統西菜當然也有！像這道由羅馬時期的凱薩大帝發明的「紅酒燴雞 coq au vin」，就含有戰爭中鼓勵士兵們拿出殺敵勇氣，以爭取榮耀的意義。當初，羅馬北上征服高盧人時，凱薩大帝就把高盧人送來挑釁的瘦弱雞給煮了。用羅馬人愛喝的紅酒以及代表榮耀的月桂葉和象徵勇氣的百里香入到菜中，也從此變成了法國傳統家庭拿來鼓勵朋友或家人遠行發展事業的一道菜。

「想要提起面對未知的勇氣，當然就需要一整瓶紅酒來加入菜中。」這說法，當然來自愛喝酒的法國朋友說的。特別是當我到朋友鄉下作客，他阿嬤都會從自家的酒窖中拿出一瓶還不錯的酒，打開後就問我要不要喝一口看看，她在自己的酒杯裡倒一些，在我的酒杯裡倒一些，然後說句：「santé！身體健康！」就彼此敬酒乾下去，美好酒香在舌間飄散開來，醇度透過嘴裡的溫度漸漸回神。

緊接著，阿嬤就在自己的酒杯裡又倒了些，隨後就把其他的酒，整瓶栽了下去。她說，這紅酒燴雞要好吃，酒跟香料都是關鍵。而且，還要讓它在冰箱睡一晚，酒的酵素會讓雞肉更甜美。現在做這道菜的雞肉，用的當然比凱薩大帝所用的肥美多了，但用運動過量的土雞，反倒不好吃。阿嬤很幽默的說：「瘦弱或肥嫩一點的雞，比較讓人想侵犯！」然後，慧黠的對我眨了眨眼，呵～

法國人好多幽默，特別喜歡表現在用語上，說說「雙關語」消遣一下，對他們來說都是家常便飯。我很喜歡阿嬤家裡很多放在柴火間的手工果醬，因為，山區的溫差與空氣乾燥宛如天然冰箱一般，這是我們在臺灣所無法想像的。她很愛問我：「你們國家會下雪嗎？」這也是她無法想像的 ── 一個平地從來不見雪的小島，又濕又熱，有山有海，還有一種叫作無骨鹹酥雞的食物。

在選擇教大家做紅酒燉牛肉 boeuf bougignon 或紅酒燴雞 coq au vin 之前，我確實曾經猶豫過。而最後決定寫燴雞的原因，一來是多數人吃雞，而且臺灣人愛吃雞；另一個原因是，這道菜似乎知道的人較少。

兩道菜的做法說起來，有些雷同。比如，一樣都是用紅酒跟香料，一樣用了番茄、蘑菇跟培根。而紅酒的選用技巧，我個人見解是，燉牛肉的紅酒建議你使用帶點莓果香或香料味，說是喝起來較野的紅酒；而燴雞我覺得，你不妨找年輕一點的或是單寧酸明顯的紅酒，因為雞肉帶皮去做，酸一點的紅酒較香也較能解膩！

說起紅酒才好笑！有種說法，如果你想害一個愛喝酒的人，不妨送他一瓶紅酒。他也許會因為這瓶不中意的紅酒，去買了洋蔥，然後燉一鍋牛肉，再找一支他愛喝的紅酒來搭菜。如果是為了一顆洋蔥而燉一鍋牛肉，那真的是有一點點⋯⋯

Le **coq** au vin s'avient du courage et gloire de César

凱薩式的傳統紅酒燴雞

LE COQ AU VIN À LA TRADITIONNELLE

osciller 擺盤

調味當然是放在最後，建議你把煮好的紅酒燴雞當基本的一鍋湯。可以另外用一小鍋子煮義大利麵，像我就喜歡用義大利 morelli 的檸檬胡椒卷麵來吸附湯汁，而且煮起來很迅速，只要5分鐘就夠了。

先把煮好的雞肉撈起，接著舀起一些湯汁，加一點點麵粉讓湯汁濃稠些。然後把煮好的卷麵放在雞肉旁邊，再倒入剛剛說的弄濃稠些的湯汁，灑上一些些切到細碎的 persil 荷蘭芹，就是一盤超高級的菜肴，想必你的客人也會鼓掌叫好！

切記這道菜的意義，只要想到可以讓吃到的人內心充滿「榮耀」跟「勇氣」，那就不妨把這道有點小繁複的菜給學起來吧！也許，對即將畢業或是面對考試的孩子，這是一道幫他邁向人生未來成功之路的好料理也說不定。

boîte 準備箱

temps de préparation 準備時間：
1 小時 20 分

L'outil utilisé 使用工具：
爐火 cuisinière 跟大深鍋 poêle

personne 食用人數：
8 人份

l'épice principale 主要香料：
thym 百里香、laurier 月桂葉

Les ingredients 準備食材：
· 半隻雞肉帶骨約 1 公斤切塊
· 蘑菇 200g 每個切 4 等分
· 培根 100g 切片
· 罐頭番茄泥 purée 2 大匙
· 1/4 顆洋蔥切碎末
· 無鹽奶油 30g
· 紅酒 400cc
· 白蘭地 50cc
· 月桂葉 2 葉
· 百里香 2 枝
· 海鹽跟黑胡椒適量
· 雞高湯 500cc
· 麵粉少許

Les étapes 作法步驟

1. 把雞肉放入深盆子裡，調入海鹽跟黑胡椒，然後倒入紅酒醃滿雞肉。

2. 再放入百里香跟月桂葉，放入冰箱醃一個晚上。

3. 隔天烹調前，先用熱水把培根汆燙過，去些油脂。

4. 在鍋中放入 1/3 的奶油，把洋蔥丁炒香，然後加入汆燙過的培根一起炒過放一旁備用。

5. 接著又用 1/3 的奶油去炒蘑菇，調味後放一旁備用。

6. 最後的 1/3 奶油拿來煎醃過的雞肉，煎至焦黃。

7. 接著用一個大深鍋，放入煎到外表焦黃的鶏肉，然後倒入雞高湯跟白蘭地。

8. 再倒入過濾後的醃雞肉酒汁、炒好的培根跟蘑菇，還有洋蔥丁跟番茄泥等。

9. 開小火慢煮 45 分鐘，湯汁會愈煮愈濃稠且減少。

Voilà! bon appétit!
好了，那就盡情享用吧！

波爾多的肥美鴨胸到處都在煎

其實，多半的法國人都很死腦筋，因為他們堅守著「鴨胸配馬鈴薯」的道理，至於是什麼道理？他們也只會告訴你：「On a toujours mangé comme ça！我們都是這樣配的！」而且還有一道也是超流行的「焗烤鴨胸馬鈴薯泥」，特別是冷冷的冬天，來一道這麼油滋滋的焗烤，保證你吃完暖呼呼，不怕冷。

以前我在巴黎居住時，還沒能感受到法國人是有多愛鴨胸這樣的料理。不過，在某些高級餐館裡，倒是常看到也吃到過「血鴨」這道菜，那濃郁的野味非香料紅酒所能抵擋的。法國人吃鴨胸肉，多半愛吃半生熟，一定要看到肉片是 rosé 粉色的才行，太老過熟，鐵定就會被客訴，因為你把鴨肉的鮮味都煎掉了！

我的生活經驗裡，巴黎的法國菜講究技法與領導國際潮流尖端，特別是企圖讓紐約東京倫敦等大都會望之項背。與巴黎以外的法國各區不同，比如說，我去盧昂吃到了用傳統蘋果白蘭地做的 tête de veau 小牛頭肉；我到普羅旺斯吃到過香料烤 pintade 珠雞；而西南的波爾多地區則是多半嫩煎與焗烤鴨胸等菜肴搭紅酒。

在臺灣開始風行香料西餐做法時，迷迭香常拿來搭鴨胸或雞腿，可是我喜歡把迷迭香拿來做在馬鈴薯塊裡。把馬鈴薯不管是切片還是切塊，先用鹽水橄欖油煮過後，把水分濾乾，在有點深度的鍋子裡放點橄欖油，接著把濾乾水分的馬鈴薯倒入鍋中 sauté 翻炒，等炒到馬鈴薯表面有點焦脆時，灑上海鹽再加點迷迭香。

這香料馬鈴薯片或塊，就成了鴨胸肉的最佳配角！外脆內軟的馬鈴薯，因為海鹽把馬鈴薯的甜味充分表現，因為迷迭香，讓馬鈴薯有了原野大地的風味。我要說的是，如果你到過南法或北義鄉間，你會發現路邊或屋舍旁都有高聳的迷迭香樹欉，不管是夏日微風吹來，還是秋日的涼爽午後，那風吹過的都是遙遠的香氣！

迷迭香的風味是屬於原野大地的，配上帶有野外氣息的鴨胸肉自然很搭。別以為法國人煎鴨胸有什麼特別的妙方？其實沒有。他們就是單純地把鴨胸外表煎焦黃，之後送入烤箱烤 20 分，隨即從烤箱取出，等表面微涼後切片。只要確保鴨胸肉不過熟，就算是及格了。風味增添，其實只靠海鹽跟黑胡椒而已。

我的鴨胸創意，則增添了一款法國人也愛的香料——花椒。當初法國教授問我說，四川花椒的口感，到底是什麼？我說：「香麻。」那「麻」到底是什麼感覺？我想想，就說：「老師，我煎一塊鴨胸肉給你吃吃，就知道了！」

Il y a partout
le ***magret*** de
canard poêlé en
Bordeaux

煎烤花椒海鹽鴨胸佐香蒜馬鈴薯

MAGRET DE CANARD POÊLÉ À PIMENT HSI-CHUAN AVEC POMME DE TERRE À L'AIL

osciller 擺盤

把煎烤過的鴨汁留下，表層的鴨油用廚房用紙吸掉，在有著剩油的鍋中倒入紅酒，紅酒就會把鍋子吸附的肉汁取出，這時，請你用另一只小鍋煮醬汁。用濾網把鴨汁、紅酒取出的肉汁通通倒入，加一點點麵粉跟紅酒醋烹煮。喜歡帶點甜味的人，也可以在此時加一點點糖，就能輕易煮出濃郁的紅酒醬汁。

你可以把醬汁先畫在盤上，再鋪上烤好切片的鴨胸，然後一旁再放上馬鈴薯片；你也可以先切好鴨胸，再淋上醬汁，完全取決於你的習慣與想法。也有人喜歡吃馬鈴薯泥，就把馬鈴薯泥做好，擺在旁邊。但半熟的鴨胸多少會流下鴨血，會染紅你的馬鈴薯泥，如果你不喜歡這樣，建議你用炒馬鈴薯片。

除了馬鈴薯外，你也可以搭炒香料蘑菇，或是煎無花果佐紅酒醬汁，有時先用紅酒煮西洋梨片，然後撈起來放在鴨胸旁享用，也是一種無上奢華的美味。

boîte 準備箱

temps de préparation 準備時間：
45 分鐘

L'outil utilisé 使用工具：
烤箱 four 跟煎鍋 poêle

personne 食用人數：
4 人份

l'épice principale 主要香料：
piment hsi-chuan 花椒

Les ingredients 準備食材：
· 鴨胸肉兩片約 500g
· 小馬鈴薯 5～6 顆切片或塊
· 蒜 3 瓣
· 海鹽 3 小匙
· 花椒 1 小匙
· 馬鈴薯調味海鹽少許
· 橄欖油少許

Les étapes 作法步驟

1. 把鴨胸肉洗淨兩面都用刀子劃十字，讓海鹽與花椒入味。

2. 在香料搗缽中放入 3 小匙海鹽跟 1 小匙花椒搗碎。

3. 把搗碎的花椒海鹽抹上劃好十字紋的鴨胸肉，靜置 20 分鐘入味。

4. 先用深鍋倒入一點點橄欖油跟海鹽，水滾後把切好的馬鈴薯片丟入。

5. 馬鈴薯煮約 5 分鐘後撈起，只要半熟就好。

6. 在平鍋中倒入橄欖油，把半熟的馬鈴薯放入，翻炒至各面略焦。

7. 這時候把蒜瓣去皮丟入，再拌炒 3 分鐘，灑上海鹽調味。

8. 用另一只平鍋倒入橄欖油，油燒熱後放入鴨胸，關中火慢煎至兩面焦黃。

9. 把煎過的鴨胸放入烤箱烤，蓋上鋁箔紙（防噴油）用 200 度烤 20 分鐘即可。

10. 烤好的鴨胸，建議蓋上鋁箔紙，靜置 3 分鐘後再切，讓肉中的血回流。

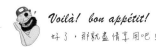

Voilà! bon appétit!
好了，那就盡情享用吧！

羊排跟韭菜本來就是一家親

有天，我在某位英國大廚的手藝中想到了一件事，其實在羅馬統治時代，早就有了「韭菜燴羊膝」這樣的菜，表示韭菜跟羊肉本來就是搭的。概念其實很簡單，兩種味道都很濃郁的東西在一起，而且是不衝突的，自然可以幫彼此的風味加分了。深愛創意的我，還加了花椒地瓜當配菜，讓朋友們都相當驚豔這樣的搭配。

把地瓜切塊，淋上蜂蜜灑點花椒海鹽去烤，當烤箱把地瓜的甜分逼出來後，搭著蜂蜜的香氣與花椒的香麻，真是無法言喻的特別。同樣經過烤過的韭菜，讓原本濃厚的蒜味變得溫和，外脆內嫩的口感與羊肉的鮮嫩互相幫襯，非常有趣。這樣的組合，源自當下法國菜潮流的影響，我是否可以用臺灣食材來創作這菜肴！

我了解很多法國請來的大廚，來到臺灣所創作的法式羔羊排，多半喜歡用《料理鼠王》電影裡的法式雜菜炊 ratatouille 的食材，如櫛瓜、茄子或甜椒等去當配菜。這些配菜的味道組合，說實在的，都非我們臺灣人所熟悉的，只是這些年西餐盛行，似乎大家不得不去了解這些蔬菜的味道，甚至也開始有農夫培育這些菜。

不光這些，包括生菜用的羅曼、萵苣、綠卷鬚等都有菜農因應市場在培育種植，甚至專門供應給某些餐廳使用。對很多法國大廚來說，認識當地的食材，把這些當地食材運用進法式料理才是他們想做的。如他們來亞洲，發現了亞洲很多歐洲沒看過的香料、調味醬如泰國魚露、中國醬油等，他們也都會試著融入法式料理裡。

回到這樣的邏輯，我們是否可以用道地的臺灣食材做出美味的法國菜？當然可以囉！滷肉飯是否可以變成法國菜？當然也有可能！首要的是，大家要能解構出滷肉飯的基本元素。透過這些分析把這些菜肴精確的重組，重新加以風味的融合，然後精緻化的呈現，自然就會回到法國菜的精神，畢竟滷肉飯的高湯也很重要。

法國菜說穿了，就是一種「講究」的飲食精神！試想，國王把大廚請到宮中，讓你每天研究菜單，然後你卻菜都做不好，那不「砍你頭」還能幹嘛？所以，御廚們每天都在研究如何「取悅 flatter」國王的嘴，如何不講究層次變化與難忘的一餐？但畢竟，菜會吃膩，所以還要一年到頭想些花招來讓國王開心吃下去！

當法國大革命發生後，這些原本在皇宮貴族家中上班的御廚們，一時之間沒了工作，流落到了民間，才開始了他們開店與創業的生涯。如何「取悅」他店內的饕客又成了他日復一日的工作？所以，「開發新菜單」永遠是廚師每天必須面對的工作。

Côtes d'agneau s'accordent avec **ciboulettes** de chine depuis longtemps

那就讓我們開始吧！

嫩煎羔羊排佐烤韭菜花椒地瓜

CÔTES D'AGNEAU POÊLÉ AVEC CIBOULETTE ET TARO SUCRÉ GRILLÉS

osciller 擺盤

這道菜，我熱愛用方盤做擺盤，有種作畫的感覺。把烤到外形如枝葉的韭菜放上，然後把地瓜拿來放置，最後再放煎好的羊排。把煎好羊排的肉汁倒些紅酒去洗那些羊肉菁華，再倒一點點陳年酒醋跟烤地瓜的花椒蜂蜜，蜂蜜的糖分會讓這醬汁變黏稠，很適合淋在煎羊排上面當沾醬吃。

如果你覺得這樣的盤飾還不夠精采，那就拿些新鮮香草或可食用的花草擺上去，反正現在很流行用花卉入菜。我是喜歡灑上一些些煙熏香料，讓整道菜有些辣度，這樣你會發現搭配紅酒更精采，紅酒喝起來更加順口，這是我個人的品嘗經驗，你也不妨試試。

boîte 準備箱

temps de préparation 準備時間：
40 分鐘

L'outil utilisé 使用工具：
烤箱 four 跟煎鍋 poêle

personne 食用人數：
4 人份

l'épice principale 主要香料：
piment hsi-chuan 花椒

Les ingredients 準備食材：
· 羔羊排 8 枝約 600g
· 韭菜 8 枝
· 地瓜 2 條去皮切 1.5 公分大小塊
· 海鹽及黑胡椒少許
· 花椒少許
· 蜂蜜 2 湯匙
· 橄欖油少許

Les étapes 作法步驟

1. 把羔羊排連骨切片，用黑胡椒跟海鹽醃 20 分鐘入味。

2. 韭菜去尾，灑上海鹽黑胡椒粉與橄欖油，放入烤盤中。

3. 用花椒、蜂蜜，加上一點點海鹽調成醬，跟地瓜塊拌在一起。

4. 拌好的地瓜也放入烤盤，連同剛剛的韭菜一起進烤箱烤。

5. 用 200 度烤 20 分鐘，在烤的同時，在煎鍋裡倒入橄欖油。

6. 用熱油好的煎鍋去煎醃好的羊排，等外表微焦就換面煎。

7. 兩面煎好後，可以用一旁保溫，等配菜烤好。

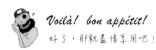
Voilà! bon appétit!
好了，那就盡情享用吧！

當新臺味遇上貴氣的歐洲香料

臺灣這些年不斷出現一些大家很熱愛的食材，如金針花的根莖，又被稱為「碧玉筍」，吃起來口感嫩脆，讓人一吃就愛上了。而我做菜，向來不愛陳腔舊調，總會想要想些新梗。在幫朋友做菜的私廚菜單上，我就曾經創作出這款用碧玉筍搭鮮蝦的燉飯，那蒜香與奶香，讓碧玉筍、鮮蝦與米飯的口感隱約如海中小船。

我都笑說，這燉飯的口感，讓人想起歐洲航海大發現時期前往中南美洲的水手們，在搖晃中發現新大陸，有種感受複雜的驚喜。完整說來，口感是有咀嚼的層次，而風味卻是豐富有變化的。我只是單純想到，碧玉筍不會影響鮮蝦的美好，如果單純只是奶油鮮蝦又太無聊，加了碧玉筍多了點菜香與口感層次。

前一陣子也不知道為何？我學生到歐洲出差，竟然幫我帶了五星主廚用的番紅花 Saffron 這貴氣的食材。我也從西班牙海鮮飯中想到了這道燉飯的創意，自然而然地在這碧玉筍鮮蝦中加了貴氣的番紅花，經過溫水泡過的番紅花蕊，呈現美好的絡黃色，與蒜香奶香絲毫不會衝突，更別說那鮮脆的蝦肉與碧玉筍了。

於是這道燉飯，便成了我朋友們心裡最難忘的美好滋味！但話說回來，烹飪工夫與食材取捨固然都是美好滋味的關鍵，而燉飯的米當然也是關鍵。剛好我在某貴氣超市的 oliviers & co 專櫃上找到了這款義大利超厲害的卡納羅利 carnaroli 米，充足的澱粉讓米心容易帶點硬度，沒有點硬度的燉飯我還真的很不認同！

早些年，臺灣很多義大利餐廳的主廚只要把燉飯的米心保留硬度絕對會被消費者罵，說這主廚怎麼連燉飯的米心都沒煮透！所幸這些年，國人的飲食水準愈來愈提升，愈來愈多人要求燉飯要 a la dente 有嚼感，真是多虧這些年美食節目愈來愈盛行，讓大家愈來愈能了解食物真正的作法與風味。

豐富的口感與帶點奢華的香氣，絕對是我這道主菜的優勢！但我知道，不是每個主婦的廚房都會有番紅花這毫克計價的高級貨。回到我個人的價值觀，我還是會建議大家有機會要認識一下這貴氣的食材，畢竟人生只有一次，如何可以錯過這讓大家這麼推崇的珍貴香料？

如果你曾經到歐洲旅行，吃過西班牙海鮮飯、義大利燉飯或法國南部的馬賽魚湯，那你也許就已經品嘗過這香料的風味。在我的經驗裡，番紅花不光是可以入菜，它還可以拿來作蛋糕，甚至我還吃過用番紅花作的布丁，如果你有興趣，就試試看囉！也許番紅花在你手裡，會多出另一種精采的創意。

Au moment où
les matériels taïwanais
rencontrent
le saffron

鮮蝦碧玉筍番紅花燉飯

RISOTTOS À LA CRÈME AU SAFFRON AVEC CREVETTES ET TIGES DE LYS

 ## osciller 擺盤

通常，我會在把燉飯盛入盤中，淋上橄欖油，或再刨些 pamagiano 起司。吃起來帶點黏稠、米心有點硬的燉飯才是真正好吃的燉飯，而且是要用雞高湯慢慢把米飯煮熟，這都需要時間，急不得的。往往在盤飾上，會放些義大利香芹，這香芹葉跟我們經常看到的荷蘭芹葉差很多，是平葉而非捲葉，香氣也優雅許多！

在義大利很多人的晚餐，幾乎都是一盤燉飯搭杯白酒，如果你也是這樣的飲食習慣，你離歐洲人的生活不遠了。每一道料理的程序用心，該放哪些東西就放哪些，所以很多歐洲料理吃起來濃郁，吃完了多半沒什麼負擔，因為他們求味道精確不求多，簡單美味裡藏了很多細節，如果你也秉持這樣的做菜理念，你就會懂得。

 ## boîte 準備箱

temps de préparation 準備時間：
40 分鐘

L'outil utilisé 使用工具：
深鍋 poêle

personne 食用人數：
4 人份

l'épice principale 主要香料：
saffron 番紅花

Les ingredients 準備食材：
· 鮮蝦 8 枝去殼切塊約 200g
· 碧玉筍 12 枝切丁
· Carnaroli 米 200g
　（一人抓 50g）
· 蒜 2 瓣切碎
· 洋蔥 1/4 顆切碎
· 海鹽及黑胡椒少許
· 番紅花 10 毫克用溫水泡開
· 白酒 20cc
· 鮮奶油 50cc
· 雞高湯 400cc
· 橄欖油少許

Les étapes 作法步驟

1. 在深鍋中倒入橄欖油，放入蒜跟洋蔥炒香。
2. 放入米，先炒過與蒜、洋蔥攪拌均勻，倒入 1/3 雞高湯。
3. 煮約 5 分鐘，再倒入 1/3 雞高湯，攪拌完再煮 5 分鐘。
4. 等米飯煮到開始有點黏稠，再放入蝦、碧玉筍跟番紅花水。
5. 炒一下，倒入白酒跟最後的雞高湯，煮到米飯呈現黏稠。
6. 這時就關火，用鍋子的餘熱繼續幫燉飯加熱。
7. 然後加入鮮奶油跟調味，如果你有 pamesan 起司就加點吧！

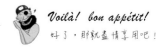
Voilà! bon appétit!
好了，那就盡情享用吧！

PART 04

dessert

甜點

有錢人才吃得起的甜點，我們幾乎天天吃

我們每天幾乎都在吃的甜點，其實是以前歐洲皇宮貴族才能擁有的獨特享受！遠在航海大發現之後的年代，蔗糖都要仰賴進口，所有相關的甜食在歐陸多半仰賴蜂蜜，或者是後來發現的甜菜根。根本無法大量生產甜食的狀況下，試想，一般老百姓連鹹食都吃不到了，哪還有辦法在飯後來份美味的甜食呢？

所以，有一種很不科學卻又邏輯的說法，已經養成飯後來份甜食的人，多半經歷過家庭富有的生活狀況。在法國依舊存在著一種說法，誠如我的指導教授說的：「levi 我們法國人每次來品嘗甜點，都要吃上 3 個才能稱得上你喜歡吃甜食。」翻開以往的法國皇室甜點歷史，確實在餐後擺上滿桌的甜食是他們炫富的方式。

除了告知周遭我擁有購賣進口蔗糖的能力，我還養了一個超厲害的甜點師傅，他可以擺出一桌視覺美口感豐富的甜點來滿足賓客的味蕾。像大家現在很愛的翻糖蛋糕，早就是當初的甜點師傅拿來擺出高聳的蛋糕塔的技巧方式，對我來說，那真的是炫富的手段，一堆翻糖技術的製作很高超，卻是甜膩到死真可怕！

現在也許有人還是愛，因為翻糖蛋糕多半炫麗好看！我在學習甜點的部分，儘量避開使用食用色素的甜點，把重心放在風味的層次上。所以有臉書上的版友說，我所製作的甜點吃起來就是不一樣，巧克力絕對不會只有巧克力可可的原始風味，因為我會加入許多自己對這甜點的詮釋與想法，甚至是巧克力的味道。

在「甜點」這部分的開門頁裡，我想跟大家分享一些製作甜點的觀念！我喜歡製作常溫蛋糕，如我們所說的法式小點心馬德蓮、金磚費南雪等，因為可以放室內不用佔冰箱的位置（存放於冰箱的蛋糕，其實很容易吸附冰箱裡其他菜肴的氣味，反而影響了蛋糕的風味），製作手法簡單，也適合隨時製作些來與家人分享。

還有學會製作這些蛋糕後，你會抓到製作蛋糕的基礎，會發現在家製作個點心很容易，餐桌上的幸福感也就油然而生。從學習製作我所提供的簡單又經典的法式點心裡面，你會發現這當中藏著許多我多年旅居國外的味蕾經驗。你也許也有你個人的，那就不妨透過我的小小食譜，也把你的味蕾旅行經驗加進去吧！

Le **dessert**
était une dignité
incontournable pour
les riches

那就讓我們開始吧！

很特別的翻轉蘋果塔，最麻煩的是作派皮

臺灣不常見，而在巴黎的甜點店卻幾乎都會有的法式 tarte tatin 翻轉蘋果塔。據我的觀察，每一家做的都不太一樣，吃起來當然也有所不同。有些蘋果塔上的蘋果色澤深些，而有些較淺；有店家說他的蘋果會先用奶油糖煮過，而有的說他用削好的蘋果直接下去烤。無論如何，我都覺得這才是法國人心中最愛的蘋果塔！

與蘋果派不同的地方，在於發明者無心的錯誤！源自法國中部的這道甜點，出自開餐廳的達旦 Tatin 姊妹之手，忘了先將派皮鋪在烤模上，試著把派皮放在蘋果上面烤，等烤好後翻轉過來，蘋果還是在上面。這樣的蘋果塔吃起來蘋果熟透酸軟，用的是帶有濃郁酸味、掐起來不脆的蘋果，但臺灣基本上不會進口這種。

臺灣人熱愛脆甜的蘋果，所以我剛剛說拿來做翻轉蘋果塔的蘋果，基本上臺灣不會進。於是，我為了呈現帶點蘋果果酸的蘋果塔，我喜歡用青蘋果來做。當然也是可以用一般的紅蘋果來做，但我還是建議你用水分不是那麼高的蘋果來做，效果會好些。而，法國人是如何品嘗這樣的經典翻轉蘋果塔呢？

可說是，都在翻轉蘋果塔上鋪上手打鮮奶油，讓微甜帶有濃郁奶香的鮮奶油引導著酸香的蘋果滋味，等吃到派皮的瞬間，你會發現你滿嘴奶油香氣，餘味是不膩的。而我試過幾種派皮，我還是覺得使用千層派皮最好吃，口感的滿足也最奢華，但千層派皮卻也是所有派皮製作中最麻煩的，真是好吃必須付出的代價。

這種派皮在製作時的工法，常會讓人覺得累，不僅要返覆桿折派皮，還要放入冰箱中冷藏多次，每次的時間也約莫要 20 分到 30 分鐘，幾張派皮製作時間耗下來，通常都要兩三個鐘頭了。做完派皮，應該不會想直接製作蘋果塔，但反過來想想，一次做約莫四等分派皮，可以拿來運用的地方很多。

比如說 millefeuille 千層派甜點、法蘭酥或是蛋塔等小甜點，基本上都會用到千層派皮。而且如果你喜歡用千層派皮加上 crème pâtissière 卡士達醬，然後鋪上一堆草莓做成新鮮草莓派，也是一種很棒的運用。所以，我雖然也會嫌麻煩，但做一次，之後就可以用在很多地方，基本上還滿划算的。

Tarte **tatin** est spéciale même pas facile de faire la pâte

那就讓我們開始吧！

翻轉蘋果塔

LA TARTE TATIN

美味小撇步：

一般不容易找到的細黃砂糖，你也可以用市面上的黃砂糖（二砂）打細，然後跟奶油塊一起灑在蘋果上面。蘋果的切法也是重點，儘量把靠近果核蕊芯的地方切平，方便平放在烤盤上面，這樣倒反過來，蘋果塔上面就是平整的感覺。

以前看我法國同學在派對開始前，邊聊天邊削蘋果，然後把削好的蘋果擺在烤盤上，然後放上奶油跟黃糖，接著把買來的千層派皮鋪上去，進烤箱烤時繼續聊我們的家常。我問他，你們法國人都會做這款蘋果塔嗎？他回我說，這是我們很家常的點心，很多媽媽們都會做，特別是在蘋果收成的季節。

當我每次做這蘋果塔時，他那些話彷彿還在我耳邊！雖然已經事隔遙遠了。

boîte 準備箱

temps de préparation 準備時間：
60 分鐘

L'outil à utiliser 使用工具：
烤箱 four

personne 食用人數：
6 ～ 8 人份

Les ingredients 準備食材：
· 青蘋果 4 顆
· 細黃砂糖 60g
· 奶油 60g
· 千層派皮 250g 一張
· 鮮奶油 100cc
· 砂糖 10g

Les étapes 作法步驟

① 先把鮮奶油加糖，攪拌盆外放冰塊，用電動攪拌機打成鮮奶油霜。

② 把蘋果削皮切塊放入烤盤中。

③ 在蘋果上放切塊的奶油跟細黃砂糖。

④ 把千層派皮桿平鋪在上面。

⑤ 用烤箱 200 度烤 60 分鐘等放涼再翻轉過來即可。

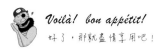

Voilà! bon appétit!
好了，那就盡情享用吧！

La mémé toujours
fait du far **breton**
pour les enfants

布列塔尼阿嬤騙孫的杏桃奶糕

甜點騙嘴，中外皆然！在法國西部布列塔尼地區，你都會看到這款當地經典甜點 le far breton 奶糕，而且是用類似保鮮膜封起來，吃多少切多少，是用鮮奶慢慢烤成的甜點，帶點奶油鹹香與果味，當地的孩子們都很愛。因為那是阿嬤們騙孫的法寶，其方式跟波爾多媽媽們都會親手製做可麗露一樣，拿來當孩子的點心。

別以為，法國任何地區每天下午都有下午茶可以喝。其實，除了巴黎那樣的大都會，一到下午，一堆觀光客湧入知名或不知名的咖啡館喝下午茶。而當地人，就我的居住經驗所知，我們多半泡在圖書館，偶爾下課才跟同學們喝杯咖啡，哪有什麼下午茶點心好吃？除非是我臺灣的朋友來，我才會跟他們去吃下午茶！

法國人的下午，特別是巴黎以外的法國地區，我是沒有感受過什麼下午茶氣氛或習慣！法國人的生活多半優閒，下午可能也忙於聯絡晚上的活動，下午茶對他們來說，還滿其次的。而且法國人不愛睡午覺，很少人會在家睡午覺。老人家，像我以前的鄰居阿嬤，有時候會邀我去她家喝她今天買的咖啡，跟我介紹她家人。

她一定會找事情做做，有時候去逛博物館，有時候穿美美跟她的姊妹淘去聽音樂會，去巴黎喜歌劇院 la comédie française 看莫里哀的戲。她都跟我說，她每天都很充實，偶爾會在公園想想她過去的戀情，喝杯咖啡。看著她牆上的那些曾經在她生命中走過的人，我當時年輕不懂事，現在才懂那真的是她生命中最珍貴的。

她曾介紹我吃奶糕這樣的甜點，後來我去布列塔尼當地也看到這款甜點。但我吃到的是蜜李口味，而非我教大家製作的杏桃口味。只是我個人偏好杏桃的風味，因為那也代表了我住在法國的日子，總讓我想起我朋友家裡後院種的杏桃樹，那陽光下閃著鮮美的果實，吃一口，真的是陽光滿滿的滋味，太棒了！

其實這本食譜書，與其說是寫食譜，倒不如說是記述我在法國生活的日子。很多在我生命中經過的法國人，不管是我從未謀面的女房東、學校對我非常關心的同學們，還是時不時找我下樓去喝咖啡的法國阿嬤，她們都讓我的法國旅居生活充滿了繽紛與知性，也永遠活在我的心裡，透過我的法語跟我的寫作。

那就讓我們開始吧！

布列塔尼杏桃奶糕

LE FAR BRETON À L'ABRICOT

美味小撇步：

建議大家在倒入牛奶前，先在麵粉中間挖出一個凹洞，然後把牛奶倒入這凹洞裡，在慢慢跟牛奶攪拌在一起，比較能夠均勻。然後烤模周邊最好能夠奶油塗厚一點，比較不會烤好奶糕後，無法倒扣出來。

奶糕涼了之後，冰過後吃，風味更棒！因為，酒漬水果的風味會慢慢滲到奶糕裡頭。建議大家吃奶糕，除了可以搭配茶或咖啡之外，配上蘋果氣泡酒或者是白葡萄酒也很搭。因為是甜點，有很多法國人喜歡拿來搭甜白酒吃，也是增添風味的一種吃法。至於酒漬水果，如果你喜歡葡萄乾，用白蘭地漬葡萄乾來做也不錯！

boîte 準備箱

temps de préparation 準備時間：
60 分鐘

L'outil à utiliser 使用工具：
烤箱 four、便當大小烤模 moule

personne 食用人數：
6 人

Les ingredients 準備食材：
· 蛋 1 顆
· 砂糖 50g
· 牛奶 350cc
· 低筋麵粉 80g
· 杏桃 8 顆切丁
· 1 茶匙蘭姆酒 rum
· 1/4 茶匙海鹽
· 塗烤模的奶油少許

Les étapes 作法步驟

① 先用奶油在如便當盒般長方形烤模裡塗上一層。

② 用蘭姆酒浸泡切丁的杏桃乾。

③ 在攪拌盆中放入鹽、糖、麵粉，攪拌均勻。

④ 把蛋打入麵粉中攪拌一下，接著緩緩倒入牛奶。

⑤ 奶麵糊製作好後，在烤模中先放入酒漬杏桃乾。

⑥ 再倒入奶麵糊。

⑦ 烤箱預熱 5 分鐘，接著用 200 度烤 50 分鐘。

⑧ 烤到奶糕外表焦黃，不再晃動即可。

Voilà! bon appétit!
好了，那就盡情享用吧！

讓小孩乖乖聽話的法式焦糖烤布丁

小時候在臺南，我總期待可以跟阿公去吃喜酒，因為喜宴的最後一道甜點，通常是中間挖洞倒扣、然後洞中擺放綜合水果丁的「焦糖布丁」。而且就是我們所熟知的那種濃郁帶點苦味的焦糖烤布丁，綿密的彈性與甜美口感，總是讓我不顧阿公的規範，狂挖了好幾口。因為阿公都會在行前告知我，要守規矩別亂挾菜。

那布丁的難忘滋味，直到我在法國西部的諾曼第半島上的某間餐廳，再次體驗到，甚至是超越。我才了解到「香草、奶、蛋」對布丁的重要，特別是鮮奶油，等於是諾曼第 normandie 當地的主要特產，怎麼可能吃不到超級美味的布丁？連烤布雷 crème brûlée 也是濃郁綿密極了，是我在巴黎所沒有體驗過的美味。

話說回來，巴黎並非什麼都好吃，在巴黎某些咖啡館裡吃到的烤布雷，也是有感覺如同添奶粉的布丁般假假的，一點都不道地。而在諾曼第的這個叫作 Honfleur 翁芙勒港口小鎮上，我吃到的就是心中永遠的第一名布丁。回到臺灣後，我也有做出類似的口感與濃郁風味，但臺灣人多半還是喜歡日式帶點柔軟彈 Q 的布丁。

於是我把布丁的製作配方，做了一些些調整。然後把蒸烤的時間拉長，讓這布丁吃起來有滑口綿密的幸福感。而香氣與風味，我還是堅持住原來的配方。有朋友說我的布丁很無敵，我卻寧可這布丁是一種讓孩子乖乖聽話的味道，因為烤布丁的時間有時候在深夜，那從烤箱緩緩飄出來的溫暖甜味，其實也撫慰了我。

烤布丁時的我，內心溫暖且踏實，甚至是幸福的。當然也希望這一口布丁的滋味，可以建立起媽媽與孩子之間溫暖的互動。所以當初，我起心動念想要開始賣布丁時，曾經想過要賣大顆的布丁。讓上班上到很晚沒空陪孩子的媽媽們帶回家，然候跟著孩子一同享受挖布丁、吃布丁的溫馨時刻，應該是很棒的感覺！

時間慢慢過去，很多周邊朋友的小孩幾乎都吃過我做的布丁，甚至朋友的小孩還會先把自己的布丁藏起來，不准爸媽或弟妹把布丁吃掉。這些家中發生的趣事，來跟我買布丁的媽媽們都會跟我分享，也讓我覺得好欣慰！總覺得，人生的價值不就應該建立在這些幸福與溫暖的滋味傳遞嗎？

我在這本書中，頭一回不藏私，公開我無敵布丁的祕密！也希望大家可以把這溫暖的布丁滋味傳給你的家人、愛人，甚至是一些沒有家庭溫暖且需要關愛的小朋友們。做個好吃的布丁給他們吃，或是跟著自己家人一起邊挖布丁邊聊天，不正是人生最美好的幸福時刻！

La crème **caramel** pourrait faire des enfants être sage

法式焦糖烤布丁

LA CRÈME CARAMEL

美味小撇步：

一般大家最怕烤出來的布丁，不是像蒸蛋，不然就是布丁孔洞太多太大。看似簡單的一種甜點，也會讓人有做不好的挫折感。其實，牛奶加熱不能過頭，只要看到鍋邊冒點小泡就要關火；還有做好的布丁蛋糊，必須要經過「過篩」的步驟，才會讓布丁吃起來口感更加綿密，而且沒有過多的孔洞。

另外一個比較難克服的是焦糖，製做焦糖，必須要在糖水溶合之後，就不要再用勺子翻動糖水，以免糖水無法順利進行焦化。而一旦焦化形成開始，就要注意燃點，泡泡一變小就要關火，以免焦糖瞬間變成會焦苦的糖，那就得再重煮了！

我個人還有點小小的建議！如果你打算做布丁給味覺還很敏銳的孩子吃，不妨在焦糖的處理上，不要弄太焦，因為有些小孩很忌諱苦味。讓焦糖不是那麼濃焦的方法，就是煮好焦糖後用熱水稀釋，這樣就會出現像黃金焦糖的顏色。

boîte 準備箱

temps de préparation 準備時間：
90 分鐘

L'outil à utiliser 使用工具：
烤箱 four、
6 顆布丁模 six moules

personne 食用人數：
6 顆

Les ingredients 準備食材：
· 蛋 4 顆
· 砂糖 80g
· 牛奶 450cc
· 鮮奶油 50cc
· 香草豆莢 1/3 枝
· 1/2 茶匙的蘭姆酒 rum

焦糖材料：
· 砂糖 40g
· 水 20cc

Les étapes 作法步驟

1. 先用小鍋子倒入製作焦糖的糖跟水，用中火煮到焦糖稠狀關火。

2. 先把煮好的焦糖分量倒入烤模當中。

3. 用另一個鍋子放入牛奶跟香草籽，煮到牛奶鍋邊冒泡即關火。

4. 在攪拌盆中放入蛋跟糖攪拌一下，接著緩緩倒入熱牛奶。

5. 接著倒入鮮奶油跟蘭姆酒，攪拌均勻。

6. 過篩後倒入有焦糖的布丁模中，順便一旁用鍋子燒些熱水。

7. 把布丁模放入烤盤裡，外圍倒入熱水。

8. 用隔水加熱的蒸烤方式，以 120 度慢烤 50 分鐘即可。

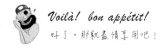

Voilà! bon appétit!
好了，那就盡情享用吧！

往往能引起餐桌高潮的巧克力甜點

餐桌上的 show 往往是用餐者最期待，也是常感到新奇的！我住在法國的時候，其實「偶爾」才會在小酒館裡發現這款甜點。吃的人，不僅可以感受到如同看馬戲團表演般的開心，小酒館的大廚也可以不用費太大的力氣準備。「不費勁卻又能獲得滿堂彩」正是這款 coulants au chocolat 法式熔岩巧克力的最佳形容。

回臺灣後，總是會在很多小餐廳裡吃到這樣的一道簡單製作又討喜的甜點。對我說，它有如港點的「流沙包」一樣，如果吃的人一挖開沒看到巧克力熔漿從蛋糕體流出來，那內心的失望有如沒中獎一般。反過來，挖開後緩緩流出來的巧克力熔漿，不光給挖開的人驚喜，更會讓吃到的人一臉的開心與滿足。

我個人對這款甜點是沒什麼特殊感情，只覺得這款甜點很溫暖，特別是冷冷的天氣來上一份，那巧克力熔漿所散發出來的煙與香氣，才是吃這道甜點最讓人感到幸福的地方。我喜歡在冷冷的寒冬製作這道甜點，但吃過我的甜點的人都知道，在巧克力的部分，我必然會加入自己的調味，不管是加了香料還是莓果類果醬。

我喜歡用四種莓果果醬來製做這道甜點，莓果的酸香可以幫巧克力的風味，增加一種春日花園的繽紛感。如果加了玫瑰果露，那挖開時爆出的玫瑰花香，真的不光是驚喜而且迷人。如果我知道這道甜點是拿來當餐後用，我一定會加點小茴香解膩，讓腸胃在吃完一堆大餐後，可藉由帶點茴香的巧克力把腸胃順一順。

很多人會讓這道巧克力甜點搭配香草冰淇淋，製造所謂的「魔鬼」口感——又是熱又是冰的魔鬼體驗。我個人卻不是很愛這種陳腔濫調的安排，我倒覺得可以用紅酒煮洋梨來搭配，或者以糖煮柑橘來搭配也不錯。因為魔鬼的口感，邏輯上是以「衝突」、「對立」的方式來思考搭配，我倒喜歡用溫暖的層次來搭配主角。

話說回來，灑上細細的糖粉是最簡單的方式，或是在上面先用紙刻上生日快樂或情人節快樂等字眼，然後灑上糖粉當做生日蛋糕或過情人節。加上可愛棉花糖、小熊軟糖、米果或堅果類的細碎，搭配莓果醬等，都是熔岩巧克力美感的另一章。說到底，什麼都要求新求變的時代，你也可以用自己的想法來表現這道甜點。

Les coulants au **chocolat** font applaudise toujours à table

那就讓我們開始吧！

x

法式熔岩巧克力

LES COULANTS AU CHOCOLAT

美味小撇步：

最厲害的地方，不外是我用了巧克力粉來保護熔岩巧克力，這樣的風味內外合一。而且我建議你使用苦甜巧克力來做內餡，而巧克力粉使用比較苦黑的巧克力。巧克力粉負責香氣的傳遞，而內餡的苦甜巧克力負責口感。這部分我還加了一點點小技巧，就是多了海鹽，有了海鹽的加持，讓巧克力的風味更有層次。

誠如我之前說的，我熱愛莓果風味的巧克力。如果你覺得巧克力體太單調，加入一些果肉也無妨。像我就吃過加了酒漬櫻桃或蘭姆葡萄乾的熔岩巧克力，也是一樣有趣且迷人。還有人在烤好的熔岩巧克力上面挖個洞，讓英式奶油醬流到洞裡，吃的人一挖開，奶油醬跟巧克力熔漿一起奔流，可說是無上的享受啦！

boîte 準備箱

temps de préparation 準備時間：
30 分鐘

L'outil à utiliser 使用工具：
烤箱 four、
6 顆小烤模 six petits moules

personne 食用人數：
6 顆

Les ingredients 準備食材：
· 糖 115g
· 低筋麵粉 50g
· 奶油 115g
· 苦甜巧克力 115g
· 全蛋 4 顆
· 海鹽少許
· 小茴香少許
· 巧克力粉少許
· 塗烤模的奶油少許

Les étapes 作法步驟

1. 在鍋中放入巧克力塊跟切塊的奶油，用小火慢慢溶解。
2. 等溶化好巧克力醬後，把海鹽跟小茴香加入，一旁放涼。
3. 用另一個大碗把蛋跟糖加在一起攪拌好。
4. 把融好的巧克力醬倒入糖蛋液中，攪拌均勻。
5. 再把過篩的麵粉倒入巧克力蛋糕中，攪拌均勻。
6. 在小烤模裡塗上一層奶油，然後灑上一層巧克力粉。
7. 把巧克力麵糊分別倒入小烤模裡，用 180 度烤 15 分鐘。

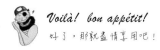

Voilà! bon appétit!

好了，那就盡情享用吧！

La penna cotta ça
ressemble à mange
le **montblanc**

有如吃蒙布朗的栗子鮮奶酪

去巴黎念書的頭一年，適逢秋天，落葉開始緩緩覆蓋大地。對法國人來說，也正是開始品嘗栗子的季節。踩著杜勒麗花園 le jardin de tuilerie 裡的落葉，滿眼的秋色是種層次，漸漸由綠轉紅，加上籠罩下來的秋霧氣息，眼下盡是一股歲月逝去的惆悵。然而，還好有著栗子這樣溫暖的果實，烤著烤著也溫暖了手。

流動的巴黎街景，那在路邊烤著栗子的小攤，怎麼看都不像是這奢華的城市該有的風景？而古老的巴黎，其實都一直存在著這樣的平民生活。我從這小攤，想到我同學家附近的森林，還有 chambéry 老師家中桌上那盤剛從森林裡採回來的秋栗。跟栗子甜點最初的緣分，其實是來自 rue rivoli 上的 angélina 賣的蒙布朗！

第一個蒙布朗到我的口裡，起初的味道是：「好甜啊！然後是濃郁的奶香與栗子的香氣，層層疊疊交替而來，讓我有種美味雪崩的驚訝感。」因為有冰過的清涼感，那甜味也就緩緩散成很舒服的味道。底是一種蛋白霜、中間包覆著鮮奶油，上面覆蓋著條狀的栗子泥，最後灑上如皚皚白雪的糖粉，有如白朗峰的外形。

法語的 mont 是山峰的意思，而 blanc 是白色，所以 montblanc 蒙布朗就是白色山峰，也就是意喻法國東南阿爾卑斯山的白朗峰。以前，臺灣曾經風行過一陣子白朗峰 montblan 這款甜點，各大百貨美食街的甜點店都可以看到這款甜點的蹤影，但多半以日本栗子製作的方式，所以那 montblanc 是黃色的。

真正的法國蒙布朗甜點是褐色的，也可以說是偏向芋頭色。我後來相當喜愛吃這款甜點，還推薦給我的家人朋友，我法國朋友還說，最好的吃法是邊吃蒙布朗邊喝 chocolat d'afrique 非洲巧克力。這種吃法讓我婉拒了，原因是熱量真的太過頭，雖然法國的秋冬還滿冷的，但我也不愛用這種吃法囤積熱量。

除了蒙布朗外，法國人還偏好用栗子做糖漬，每每在歲末過節，就會在各大超市或甜點店發現 marrons glacés 糖霜栗子的影子。我擔心教大家做糖漬栗子後，還要做蛋白霜跟打鮮奶油，才有辦法做好蒙布朗。於是我便想說，不如大家找好糖漬栗子，用帶有濃郁奶香的鮮奶酪來傳遞這樣的秋冬好滋味，而且方便製作。

那就讓我們開始吧！

糖漬栗子佐鮮奶酪

PENNA COTTA À MARRON CONFIT

美味小撇步：

通常我在製作上，建議大家不要把牛奶加熱到滾燙。最好摺約莫70度左右，然後關火，再把軟化的吉利丁加進去，攪拌均勻後最好要過篩，避免有些沒有融化的吉利丁會影響口感。而在端出來給客人食用前，再加入糖漬栗子即可。

如果怕找不到糖漬栗子，其實加一些果醬吃也很好！特別是夏天，建議媽媽們可以做些奶酪冰在冰箱，隨時可以讓孩子們解饞。不加果醬吃，也可以選擇直接加新鮮水果切片放上去，都是很棒的做法。糖漬栗子我個人還滿推薦義大利進口的 lovero 她們的糖漬栗子跟我在法國吃到的一樣，軟 Q 帶綿，甜度也很舒服！

boîte 準備箱

temps de préparation 準備時間：
20 分鐘

L'outil à utiliser 使用工具：
爐子 cuisinière、鍋子 poêle

personne 食用人數：
6 人份

Les ingredients 準備食材：
· 鮮奶 500cc
· 砂糖 50g
· 鮮奶油 100cc
· 香草豆莢 1/3 枝
· 吉利丁片 4 片
· 糖漬栗子 6 顆

Les étapes 作法步驟

1. 先在鍋子裡倒入鮮奶、鮮奶油跟糖。

2. 然後把香草豆莢對切，用小刀把香草籽刮起放入牛奶鍋中。

3. 開火加熱到牛奶鍋邊緣冒煙的跟出現小泡泡就關火。

4. 另外準備一碗水，把吉利丁片放入水中泡軟。

5. 泡軟後放入熱好的香草牛奶鍋中，緩緩攪拌到吉利丁融化。

6. 接著把牛奶倒入杯子中。

7. 約莫冷藏 2 小時，拿出後把糖漬栗子加上去即可。

甲蟲的田裡餐桌／甜點

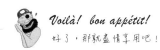

Voilà! bon appétit!
好了，那就盡情享用吧！

這款莓果杏仁奶油餡派，法國人很愛

最近開了幾班生活法語課，以「下午茶學法語」的方式來把法式生活美學與飲食文化導入到語言教學當中。就誠如我最近的感受，當初我從法國回臺灣時帶了兩卡皮箱，如今把這兩個壓箱寶拿出來跟大家分享。上課的學生不乏一路支持我的人，她們聽到我開了生活法語的課，便急著趕快來跟我學習這把打開法國之鑰！

去過法國的人都知道，有了法語這把鑰匙，法國人對你的態度會更加親切。且不管是否講得好，法國人都會認為你尊重他們的語言文化，理該也要好好尊重你。相較於以往，這些年的法國慢慢了解龐大的亞洲市場，也對來自遠東的亞洲人態度有所轉變。而臺灣人也愈來愈喜歡追求法國的飲食文化，實在

是件好事！

在下午茶學法語的課堂上，我會根據課程配合講解一些關於法國生活文化的內容。像「在甜點店吃下午茶」這堂課，我不光是教你法式甜點的法語唸法，我還會告訴你每款經典甜點的歷史故事，以及法式甜點的來龍去脈。相信大家邊吃甜點邊上這些飲食文化的課程，應該也會覺得我的手做甜點吃起來更香甜吧！

在巴黎的生活裡，我的愛吃跟手藝是系上出了名的。系上的教授也都很鼓勵我朝美食的方向前進，但他們萬萬沒想到，有一天我會在臺灣結合了語言教學與美食文化。其實這樣的方式，應該能讓語言學起來更有趣，而

法式美食吃起來也更有味。而我卻無法理解，臺灣現在很夯法式西餐，可是會講法語的廚師卻很少。

當餐飲界企圖走向國際時，像法語這般重要的外交語言怎麼可以不會？試想，會做法國麵包的吳寶春師傅，如果他也會說一口流利的法語，不就會讓法國人更愛他？他的事業版圖就不光只是在臺灣，不是嗎？就有如另一個臺灣之光的江振誠主廚，他不光會講英語，他法語也講得很好，他在巴黎也有掛自己名氣的店。

臺灣人走上國際，本來就不是難事，而「語言」的這把利器，一定是不容忽視的。就像我在法國教過的藝術系學生，他們來自臺灣新加坡香港等地，他們的美術作品再好，他都要在入學考試的面試一項，用法語跟面試官介紹自己的作品特色與概念。餐飲方面，又何嘗不是如此？用法語學做菜、說菜都是很有助益的能力。

話說回來，在我課堂上，我給學生品嘗最道地的法式甜點，加我認為應該存在這甜點裡的成分。如這款莓果甜派塔，是法國人最愛的甜塔。用杏仁奶油餡展現出一種高雅的內涵，配上酸香的莓果，豐富且帶點複雜的餘味，有如人生的況味。

法國人迷戀這樣的風味，所以才會在每間甜點店幾乎都會看到這款甜點！

Tarte aux fruits à la crème **d'amande** gagne le goût de français

那就讓我們開始吧！

莓果甜派塔

TARTE AUX FRUITS À LA CRÈME D'AMANDE

美味小撇步：

一般來說，杏仁粉都要過篩，但我有時覺得保持原來的杏仁粉狀態也不錯。有個觀念我想跟讀者分享的是，法國人不管製作什麼樣的甜點，多半喜歡加入一點點適量的酒來調味，這樣甜點吃起來豐富度也高些。

像這款點心我喜歡加白蘭地，在法國白蘭地也有分等級。我用的是傳統白蘭地，風味不像我們印象中那麼濃郁，卻能夠把奶香杏仁以及莓果的風味做一種絕佳的調和，特別是讓蛋香變得更加美好不腥。

好的酒香可以帶出美好的甜味，慢慢學著做，就能感受其中的幸福！

boîte 準備箱

temps de préparation 準備時間：
60 分鐘

L'outil à utiliser 使用工具：
烤箱 four、電動攪拌器 mixer électrique

personne 食用人數：
6 ～ 8 人份

Les ingredients 準備食材：
· 杏仁粉 115g
· 砂糖 90g
· 奶油 90g
· 全蛋一顆
· 蛋黃一顆
· 蘭姆酒或白蘭地 1 小匙
· 甜派皮 250g 一張約莫可用 8 吋塔模
· 莓果適量（可挑選草莓、覆盆子或藍莓等莓果混搭）

糖霜製作材料：
· 糖粉 100g
· 水 10g
· 檸檬汁 1 小匙

Les étapes 作法步驟

1. 先把甜派皮桿平鋪在 8 吋烤模上，用 180 度烤 10 分鐘後，放涼備用。
2. 把奶油軟化後加入糖，用電動攪拌器攪拌成霜狀。
3. 接著加入全蛋攪拌均勻，再加入蛋黃攪拌均勻。
4. 把過篩後的杏仁粉加入攪拌均勻。
5. 最後加入蘭姆酒或白蘭地做最後一次攪拌。
6. 將以上的杏仁奶油餡倒入烤好的甜派皮中。
7. 放入烤箱用 180 度烤 30 分鐘即可。
8. 製作糖霜很簡單，把水加入糖粉中然後用檸檬汁調稠度。
9. 調好後倒在烤好的杏仁奶油塔上。
10. 放上莓果擺好，再放入冰箱冷藏。

Voilà! bon appétit!

好了，那就盡情享用吧！

蛋糕的檸檬清香，是大家最愛的夏日滋味

黃檸檬產季，通常都是在夏天，歐洲跟臺灣皆然。只是臺灣多半是綠萊姆 lime 而非黃檸檬 citron 之類的，但從約莫 4 月開始，在臺灣的量飯賣場就會出現一大袋新鮮進口的黃檸檬。一袋當季的黃檸檬很便宜，不妨把香氣清新的果汁打來飲用，然後用皮來做 confit 糖漬，糖漬過的水果皮可以做好多東西。

除了黃檸檬之外，像冬天盛產的柑橘也可以拿來做糖漬。如果大家眼睛張大一點，你會發現很多貴婦級的超市，多半有賣進口的糖漬水果，但多半是盒裝切條狀的糖漬水果。相較於巴黎如 fauchon 之類的貴婦超市，特別是同樣位於馬德蓮教堂旁的 Hédiard 高級雜貨鋪，他的糖漬蔬果真是經典，而且都是一整顆水果。

蔬菜水果一整個糖漬，這出於皇宮貴族時代的保存方式（再次強調，以前的老百姓是吃不起糖的，更別說是用很多糖去糖漬）。我就看過在 Hédiard 的年節展示櫥窗裡擺著 poireau 大蔥整根跟 orange 柑橘整顆的糖漬，五顏六色的糖漬，已經不光光是只有水果了，還有好多種特殊蔬菜的糖漬，如 rhubarbe 大黃之類的。

糖漬 confit 的手法有如我們所熟悉的「蜜餞」，蜜餞要經過「以鹽去澀」的方法，也有如我們「以鹽水去皮苦澀」的糖漬。我們今天要製作柑橘類水果的糖漬，就必須要把剝下來的皮運用鹽水泡一晚，然後倒掉，加入新的水煮開，把柑橘皮煮到皮膜很快就可以脫下來為止。因為白白的皮膜是苦澀味的所在，必須去除！

剩下可以用筷子直接穿透的皮，在過濾掉水後，用糖水去煮，反覆煮到皮有通透感為止。我的經驗是黃檸檬比柑橘容易多了，反覆熬煮的時間跟次數較少。其他如葡萄柚等水果煮法時間也不盡相同，因為臺灣人接受糖漬水果的概念還不是很完整，我們現在多半在外面買到的糖漬水果蛋糕，也多半是工廠製作的成品。

我是建議，如果你喜歡黃檸檬的風味，真的趁黃檸檬產季時買一大袋，每天喝檸檬汁，把擠下來的檸檬皮集中，一次做一罐糖漬檸檬，放冰箱可以放好幾個月。不管是拿來做糖漬檸檬皮巧克力或是磅蛋糕，或是烤麵包加在裡面都很棒！像我去年夏天做最多的糖漬檸檬磅蛋糕，就是因為相當清新的檸檬香氣而迷人的。

當然，一整條磅蛋糕裡面，我不光使用糖漬檸檬而已，其中還有新鮮的臺灣綠檸檬汁跟刨下來的檸檬皮細絲，取其兩種檸檬的特色香氣與清新風味。蛋糕體裡面我還加了法國經典蛋糕中必加的 amande 杏仁粉，讓磅蛋糕多一份天然優雅的香氣。相信吃過的人，應該會很懷念那充滿夏天清新感的黃檸檬香氣！

cofit de **citrons**
rend le gâteau
une saveur très
fraîche

那就讓我們開始吧！

糖漬檸檬磅蛋糕

PONDCAKE AU CONFIT DE CITRON

美味小撇步：

軟化的奶油與糖的攪拌會是重點，儘量避免奶油有小塊狀的出現，以免烤出來的磅蛋糕容易有過大的孔洞。想確定奶油塊是否真正軟化，可以用手指頭壓一下看看。但也不能過軟，或是把奶油融化成油，做出來的蛋糕軟綿度就會有差！

磅蛋糕是蛋糕類的基礎，看似容易，卻會因為磅蛋糕所使用的食材而有不同的變化結果。如香蕉核桃磅蛋糕就要避免溫度過高，容易會把表面烤焦；或者因為蛋糕體較厚，烘烤時間一長，很容易造成表面焦內在沒熟的窘狀。所以，準確拿捏食材的濕度，才會讓磅蛋糕的烘烤成功度達到百分之百。

boîte 準備箱

temps de préparation 準備時間：
60 分鐘

L'outil à utiliser 使用工具：
烤箱 four

personne 食用人數：
6 ～ 8 人份

Les ingredients 準備食材：
· 奶油 100g
· 砂糖 60g
· 全蛋 2 顆
· 杏仁粉 30g
· 檸檬絲 1/2 顆綠檸檬
· 檸檬汁 1/2 顆綠檸檬
· 黃檸檬糖漬果皮 10g
· 低筋麵粉 75g
· 泡打粉 1/2 小匙

Les étapes 作法步驟

1. 先把奶油軟化，加入砂糖，用電動攪拌機打成奶油霜狀。

2. 把全蛋一顆加入跟杏仁粉一起攪拌均勻。

3. 接著加入檸檬皮絲、檸檬汁跟糖漬檸檬果皮，攪拌均勻。

4. 再加入另一顆全蛋跟過篩後的麵粉與泡打粉。

5. 用手動攪拌器攪拌均勻。

6. 倒入磅蛋糕烤模中，放入烤箱用預熱後的 200 度烤 40 分鐘。

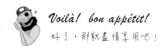

Voilà! bon appétit!
好了，那就盡情享用吧！

La **crêpe**
n'est pas
facile même
pour les
français

那瑪的巴黎感激／甜點

138

薄餅看似簡單，卻不是每個法國人都會煎

有學生曾經問我：「老師，法國可有所謂的小吃？我說，如果真的要說有的話，那法式薄餅 crêpe 可以算吧！」我最有印象的是。在巴黎 4 號線 st. germain des prés 站出口的薄餅小攤，現煎薄餅所散發出來的奶油香氣，吸引著路過的遊客。我的學校雖然在那附近，我卻從來都不會去買薄餅來吃，總覺得他做得還好。

因為我去過好多次 bretagne 布列塔尼，去過中世紀就有的小鎮 Tinan 提農、法國人夏天最愛的海邊度假勝地 st. Malo 聖馬洛，以及位於布列塔尼外海有如天主教聖山小島的 mont st. Michel 聖米歇爾山。來這些地方參訪，一定都會吃到薄餅或是 galette 鹹薄餅（用蕎麥做的），而每年二月更是當地人吃薄餅的季節。

從宗教節日來解釋，二月份剛好是嚴冬走到一個接近春暖花開的季節，為了迎接即將來臨的陽光，當地人以吃薄餅的方式來表達心中渴望的溫暖。從心裡願望到餐桌的餐盤裡，一分源源有著奶油香氣的甜薄餅，或者是有著一顆煎蛋的鹹薄餅，就是他們迎接二月之後春天到來的一種過節方式。

我在巴黎時，有幾次不知道中午要吃什麼？於是跟著我法國同學一同去 quartier latin 拉丁區的一間薄餅專賣店裡吃 galette 鹹薄餅。上面通常都只是加起司片、火腿片跟煎蛋，配上蕎麥風味的鹹薄餅，那應該是我看過我法國同學吃最多的一次，不然他們多半都會抽根菸、喝杯小咖啡，然後看著我大吃特吃學生餐。

法國人其實多半吃很少，而且吃很久，聊天才是吃飯的重點。我跟他們生活的經驗，往往都覺得我是屬於默默在一旁狂吃的那一類。而且我去吃大餐、吃高級甜點那一面，他們也沒看見過。在那個美好年代的末期，他們法國人多半覺得亞洲人還是貧窮者居多，殊不知亞洲人對飲食的花費是多麼捨得啊！

當然也正因為每個人對消費喜好的想法不同，他們對藝文活動的投資也非我們所能想像的。酒鬼再窮也要把乞討到的錢拿去買酒；領失業給付的人也多半把錢花在欣賞藝文表演上，這就是法國的庶民生活。

我在臺灣非常厭倦大家追逐所謂的米其林星級餐廳，那些星級的推崇與肯定，其實是源自廚師與餐廳業者對自我的期許，有很多好的餐廳主廚並不當在米其林評鑑拿星為做菜的職志，做菜給喜愛他廚藝的顧客，是他的生活更是他人生的價值，絲毫不會受每年星級評鑑的影響。

臺灣的餐飲業者是否能夠正視或了解自身餐飲的問題與未來發展的價值？其實，才是追根究柢的議題。終究，飯是做給人吃，而不是拿來競賽或是拿來行銷的，不是嗎？

那就讓我們開始吧！

法式薄餅佐鮮奶油果醬

CRÊPE À LA CONFITURE

美味小撇步：

會出現美如蕾絲裙邊的法式薄餅，基本上是因為加入了水的緣故。而比一般外面賣的薄餅來得香的小撇步，得自於加了橙花水，讓煎出薄餅一起鍋就瀰漫著清新可人的香氣。臺灣人多半對橙花水的味道不熟悉，不過那香氣會透過薄餅吸引著食用薄餅的人，高雅的風味是法國人的最愛，也是看似平淡的薄餅令人難忘之處。

加這種天然香氣的薄餅不多，一旦再多了手打鮮奶油跟果醬，一種庶民小吃的點心就會高級了起來。我喜歡在平淡中創造品味，說穿了，就是法國人所堅持的生活哲學。別小看一個簡單的甜點，能夠廣為人知，而且還吃出層次，真不簡單！

boîte 準備箱

temps de préparation 準備時間：
30 分鐘

L'outil à utiliser 使用工具：
爐子 cuisinière、鍋子 poêle

personne 食用人數：
6 人份

Les ingredients 準備食材：
· 低筋麵粉 115g
· 牛奶 250cc
· 砂糖 25g
· 鹽 1 茶匙
· 全蛋 2 顆
· 橙花水 2 大匙
· 融化奶油 25g
· 開水 4 湯匙

Les étapes 作法步驟

1. 先在攪拌盆中加入麵粉、糖跟鹽過篩。
2. 把全蛋攪拌入過篩的麵粉中。
3. 在麵粉中挖出一個圓洞，將牛奶緩緩倒入攪拌均勻。
4. 在牛奶麵粉中加入橙花水跟開水。
5. 把麵糊水靜置 30 分鐘。
6. 用融化的奶油加熱後，倒入一大勺麵糊水去煎。
7. 等兩邊都煎至蕾絲狀，即可起鍋。

Voilà! bon appétit!
好了，那就盡情享用吧！

Les petites **madeleines**
rappellent l'enfance de
Marcel Proust

文學家普魯斯特家中常出現的小點心

法國知名文學家普魯斯特在他《追憶逝水年華》（à la recherche du temps perdu）一書中，經常提到瑪德蓮 madeleine 這款小點心。而且說到，他總是想起雷奧妮姑媽用椴花茶泡過的瑪德蓮的味道。椴花茶在臺灣其實可以找得到，如果你想試試把瑪德蓮泡過椴花茶後吃，也許可以感受一下讓文學家一再回想的記憶風味。

瑪德蓮這樣的法式經典小點心，曾經風靡了巴黎的上流社會，許多藝文沙龍也都紛紛用這款小點心來款待座上嘉賓，也許是場小小的音樂表演或是詩詞朗讀會，用一顆滋味豐富、奶香十足，且帶有一點點鹹味的小甜點，邊吃邊喝茶邊欣賞音樂，絲毫不怕沾手，拿在手上輕輕放入口中，那簡短的美好宛如一首好詩。

許多關於瑪德蓮這甜點起源的小故事，來自法國某地區的貴族在他家宴客，結果廚師因事先行離開，沒有事先把甜點準備好。剛好貴族手下的一名叫做 madeleine 瑪德蓮的女僕，臨時想起她奶奶教她的一款手工小點心，就把這款小點心獻給貴族跟座上的賓客，結果大受好評，口碑也傳到了巴黎。

後來很多地方紛紛爭相製作這款點心，而以法國西部布列塔尼地區出產的奶油所製作的瑪德蓮最受歡迎。同時，為了表示這瑪德蓮源自靠海的布列塔尼地區所製作，所以才出現使用貝殼形狀的模來製作這點心。帶點鹹味，也是因為瑪德蓮多半使用半鹽奶油製作，所以淡淡的鹹味其實是跟所使用的奶油有關。

話說到我在法國吃瑪德蓮的經驗，除了巴黎，就真的是在布列塔尼那邊吃到過。濕潤帶點鹹味的小奶油蛋糕，一咬下去，迷人的奶油香氣真是讓人難忘，對普魯斯特的姑媽來說，也許加上紅茶或是椴花的香氣會更加優雅。對我來說，跟著蘋果香氣濃郁的蘋果西打 cidre 吃也很棒，甚至也有法國人教我配香檳一起吃。

追求高雅與創意，往往是法國人的生活哲學，就連甜點創作也是。認識我所製作的瑪德蓮，就會認識我在南法的廚師朋友。因為他的創意，讓我知道原來這瑪德蓮多了薰衣草的風味也很棒！那一年的夏天，我為了體驗他的廚藝，特地開車到了盧瑪翰 loumarin 的磨坊餐廳，在種了橄欖樹的院子裡品嘗了這款瑪德蓮。

顛覆了我對傳統瑪德蓮的想法，一口咬下衝出來的，竟是香甜迷人的薰衣草花香，而且跟奶油的味如此地搭襯，那風味的記憶就這麼跟著我，一直到回臺灣，創作出這款薰衣草瑪德蓮。獨特的味道，有如文學家對姑媽家獨特的記憶。椴花對上瑪德連；薰衣草對上瑪德蓮，椴花跟薰衣草，說真的，味道都跟夢有關！

那就讓我們開始吧！

薰衣草瑪德蓮

LA MADELEINE À LA LAVENDE

美味小撇步：

許多大廚都是教你用融化的奶油來製作瑪德蓮的麵糊（其實我也試過），但我還是回到原先的把軟化奶油打成乳霜狀的方式來製作麵糊，烤出來的瑪德蓮口感比融化奶油的方式濕潤很多。但缺點是，寒冷的冬天要讓奶油軟化需要很長的時間，而且用手動攪拌器把軟化奶油打成乳霜狀還真的很花力氣！

另外，如果你沒法找到薰衣草花，你可以製作其他口味的瑪德蓮。就只要在製作好奶油麵糊後，加入一點點檸檬皮、檸檬汁，就會變成檸檬瑪德蓮；加了巧克力醬也可以變成巧克力瑪德蓮，但都沒有薰衣草瑪德蓮來得特別。主要原因，是因為我擁有這款點心的美食記憶，而你也有你自己的，那就不妨變化看看！

boîte 準備箱

temps de préparation 準備時間：
30 分鐘

L'outil à utiliser 使用工具：
烤箱 four、
貝殼烤模 petites moules

personne 食用人數：
18 顆（依貝殼模大小）

Les ingredients 準備食材：
· 糖 75g
· 低筋麵粉 125g
· 奶油 100g
· 蜂蜜 10g
· 泡打粉 3g
· 鹽 2g
· 全蛋 2 顆
· 薰衣草花 1/2 茶匙

Les étapes 作法步驟

① 在攪拌盆中放入鹽、糖、蜂蜜跟雞蛋，攪拌均勻。

② 接著放入過篩後的麵粉跟泡打粉。

③ 用攪拌器把軟化的奶油打成乳白狀。

④ 再把奶油拌入麵糊中，放入薰衣草花。

⑤ 用湯匙舀出作好的奶油麵糊，倒入塗上一層奶油的貝殼模裡。

⑥ 烤箱先預熱 300 度 5 分鐘。

⑦ 把貝殼模放入烤箱用 250 度烤 7 分鐘後，再調到 180 度烤 3 分鐘。

Voilà! bon appétit!
好了，那就盡情享用吧！

巴黎金融家們最愛的小點心

我常常開玩笑說：「臺北的上班族真可憐！巴黎的上班族吃金磚，我們這邊卻只能吃雞蛋糕。」其實，我沒有瞧不起臺灣的生活環境才這樣說的。這些年來，臺灣上班族熱愛甜點的程度，隨著下午茶的文化有增無減。但回過頭去尋找傳統的雞蛋糕，卻又沒法把真正傳統風味與作法的雞蛋糕找出來，有點可惜！

反過來說，像金磚或馬德蓮這種早期傳統法國上流社會熱愛的下午茶小點心，現在在臺北某些強調法式糕點的店家裡頭也經常出現，而作法與成本決定了最後的口感。如果我們過度去強調與法國同步的傳統作法，就會翻出一堆成本考量的商業模式，倒不如在家自己製作，用料豐富些，自己也可以享受真正的法國味。

同樣的，我也吃雞蛋糕，不過有些臺北東區的雞蛋糕小攤，每天一堆上班族排隊購買，也有朋友買來給我吃。我因為忙，放了一天沒吃，隔天想吃的時候，竟發現雞蛋糕Q彈如橡皮筋，真是嚇壞我了！我不知道麵粉乾了會變這樣？那樣的人氣雞蛋糕裡到底加了什麼？而我們每天外食的上班族都吃了些什麼？

這樣的小確幸，最後也許會變成了上班族老年時的大不幸！這也是人在年輕，身強體壯時所不會考慮到的生活隱憂。相對的，我在法國巴黎街頭，看到上班族穿著西裝在美麗的咖啡館裡吃著金磚蛋糕，手上一杯咖啡跟一份報紙，優閒中伴隨著優雅，那我們的上班族呢？一堆穿著西裝華服的年輕男女在路邊攤吃著小吃？

不是我憤世嫉俗，而是因為我看過別的國家的生活，我只是希望我們的上班族可以有更好的外食環境，更值得的幸福！畢竟，大家出外賺錢不就是為了追求更好的幸福生活嗎？所以，金磚這款法語叫作 financier 金融家的小蛋糕，當初就是在巴黎的金融中心附近的甜點店，特地為了這些金融業上班族製作方便食用的。

蛋糕裡面有豐富的杏仁香氣，是因為用了大量進口的杏仁粉。而杏仁這種食材，對歐洲人來說，都是外來品，所以珍貴。一片小小金磚，可不是一般人可以吃得起，要價也不斐。從這樣的概念發想，大家也不難想像一小顆馬卡龍，用得都是精選而且更細緻的杏仁粉，當然就只有皇室貴族等上流社會才吃得起囉！

Les **financiers** à paris aiment le plus ce petit gâteau

覆盆子金磚費南雪蛋糕

FINANCIER TRADITIONEL AUX FRAMBOISES

美味小撇步：

這道甜點沒有加任何泡打粉或膨鬆劑，完全靠攪入蛋白中的氣體，但傳統的金磚是不能膨脹得太膨的。建議你，用敲打烤模的方式，把杏仁麵糊中的氣體敲出，這樣烤出來的金磚就會平整美麗，不至於膨得像小蛋糕。

這配方是法式傳統的金磚作法，裡頭的杏仁粉比例較高。如果你找不到新鮮覆盆子，你可以在製作好杏仁麵糊後灑入檸檬皮，就會變成檸檬口味的金磚；或者是加入巧克力醬，就會變成巧克力金磚。

當然，你不想要用覆盆子或藍莓之類的莓果，你也可以用蘭姆酒醃漬一下葡萄乾，放入這樣的蘭姆葡萄，也應該是不錯的變化喔！金磚這樣的下午茶點心，其實搭咖啡或茶都很棒，相信你可以自己找出最適合自己的搭配方式。

boîte 準備箱

temps de préparation 準備時間：
30 分鐘

L'outil à utiliser 使用工具：
烤箱 four、
金磚烤模 petites moules

personne 食用人數：
8 片

Les ingredients 準備食材：
· 杏仁粉 60g
· 奶油 80g
· 蛋白 2 顆
· 砂糖 70g
· 低筋麵粉 40g
· 新鮮覆盆子 8 顆
· 塗烤模的奶油與麵粉少許

Les étapes 作法步驟

1. 在攪拌盆中放入杏仁粉、糖跟過篩的麵粉，攪拌均勻。

2. 把奶油放入烤箱，用 150 度融化後放涼。

3. 先在 1 的材料中放入蛋白，攪拌均勻。

4. 再緩緩倒入放涼後的奶油，攪拌均勻，靜置 30 分鐘。

5. 拿出金磚烤模，塗上一層奶油然後灑上一層薄薄的麵粉。

6. 把剛剛靜置後的麵糊用湯匙挖起，放入金磚烤模中。

7. 每個烤模抓 50g 的重量，然後放上一顆新鮮覆盆子。

8. 烤箱先預熱，然後用 200 度烤 12 分鐘，轉上火用 250 度烤 3 分鐘。

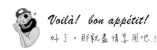

Voilà! bon appétit!
好了，那就盡情享用吧！

PART 05

partie

派對

Soirée! Soirée! **Soirée!**
ce qu'on veut , il n'y a que la soirée

真正的法式生活，在於追求派對人生

在法國，三天一小趴、五天一大趴，動不動就會在暗黑的夜晚，看到對面房子的陽臺上站著一堆人。燭光、笑聲與酒杯碰撞的聲音，伴隨著我的周末夜。如果沒有出外參加朋友家的聚會，我還是可以從落地窗感受這遠遠傳來的歡樂氣氛。通常，到了凌晨時分，派對會悄悄退場，然後換上巴黎寧靜且神祕的星空！

有一回的法語課，我教學生如何過個法式聖誕派對！並解釋了 soirée 這個字對法國人的意義。在我的巴黎生活裡，派對 soirée 這個字經常出現在周三或周五下午，法國同學都會問我：「今晚有 soirée 嗎？」。每一次我的回答都不一樣，但我如果回答：「non 沒有！」他們的反應便會是：「你該多出去參加 soirée 的！」

說真的，我倒也不是排斥參加 soirée 派對，而是因為念書是我來巴黎最主要的目的。有時候狂歡到深夜，回到家，總是有種對不起遠方家人的感覺。但來巴黎體會生活，又不能錯過派對人生這一環。因為法國人的社交，幾乎都是建立在派對上面，這種習慣從皇宮貴族時期便已是如此，所以法國人幾乎都是派對高手。

我有個學妹嫁給了法航空少老公，他們家就常邀約派對！每一回都可以到他家品嘗到她老公的好手藝，逗他們的中法混血寶寶玩。派對結束後，她跟她老公還會開車送我們回各自的家，是非常有教養的一對夫妻。我還有去過好友 philippe 的新家派對，每個好友都送他一些他所需要的東西，他還順便介紹了他的新女友。

去南法度假時，我也參加了 marie-joe 在當地安養中心所辦的假日派對。當地的一些安養中心的長者紛紛應邀參加，多半是些拿拐杖跟坐輪椅的長輩，因為是在夏天，舒服的陽光與迎風吹過來的迷迭香或薰衣草香氣，都讓我覺得這白天的派對很貴氣！滿桌的小點心，我甚至還主動幫忙做了一些可口的 canapés 小點。

那次，我也學到了，如何讓藍乳酪吃起來更順口的小訣竅！總之，從白天到夜晚，法國人就不斷追求各種形式的派對。我的學生透過這樣的教學，也體會到了法式生活哲學。特別是在冷漠的都會生活裡，人跟人之間更需要透過各種派對上的相識，而展開未來生活藍圖的新風貌。

且不管，你是否可以從這次的派對上認識了誰？你還是需要品嘗或準備一些簡單的派對點心。那就一起來動手做做看吧！

那就讓我們開始吧！

les français aiment parler
toujours des **palets**
bretons

布列塔尼奶油小圓餅
總是打開法國人的話題

有些來跟我學法語的學生，多半有到法國自助旅行的打算。而旅行的規畫行程中，多半會提到法國西部布列塔尼的聖米歇爾山。我就會順便跟他們說起這款在當地相當熱門的小圓餅。我在法國居住時，好多次都是跟朋友們一同品嘗這小圓餅，一邊聊起自己去哪裡度假的經驗。用鐵盒裝的小圓餅，似乎常常被提起！

說起來，巴黎有很多一日行程，就是拉車到布列塔尼的 mont st. Michel 聖米歇爾山。因為這地方很特別，退潮時可以讓車子開過去，漲潮時海水又阻斷了島與陸地之間的聯繫。也因為這樣的現象，讓他的土地充滿了鹽分，所生產的牛奶或乳製品也就有自然的鹽分在裡頭，也就創作出這種香香鹹鹹的奶油小餅乾。

在臺灣其實可以找到這樣的小餅乾，都是用鐵盒裝的。跟另一種叫作 galette bretonne 的小餅乾不同的是，palet 的奶油含量較高，吃起來軟中帶酥，有嚼感；而餅乾樣的 galette 則是酥脆中帶點奶香，上面有塗一層蛋黃。我比較喜歡奶油味重的 palet 小圓餅，吃起來有濃郁的幸福感，會讓我有漫步聖米歇爾山的感覺。

圍繞聖米歇爾修道院所形成的這座海中小島，沿著小徑走上去，慢慢到達修道院的至高點。我沿途聞到的幾乎都是奶油香，有鹹的蕎麥薄餅跟甜的奶油薄餅，還有其他用奶油做的小點心跟焦糖糖果等。印象中，聞久了會有點膩！而且我也沒有很愛喝 cidre 蘋果酒，更沒有宗教信仰的包袱，我純粹只是愛聞那奶油香氣！

去了兩次後，我便再也沒有去過那兒了！後來的印象，多半就是把朋友送上一日遊的旅行團車上，然後等他們晚上回到巴黎後，邊品嘗著他們帶回來的小圓餅邊聊著他們所看到的。我喜歡買各地的風景明信片，所以舉凡我去過的地方，我多半會留下明信片，偶爾拿起來回憶一下在那邊踏過的足跡與當下的心情。

現在，我總會在辦派對時，準備著這樣的小圓餅，然後跟朋友們聊起這個地方，也算是用美味去記憶那站在修道院高牆旁眺望海洋的心情。如果你下次有機會，不妨也去這裡一日遊，感受這海上孤島在退潮漲潮中的變化，也當做一種人生的修行吧！

那就讓我們開始吧！

布列塔尼小圓餅

PALETS BRETONS

 美味小撇步：

奶油跟糖還有海鹽一定要先攪拌至乳霜狀，如果沒有電動攪拌器，最好等奶油軟化後再用手動攪拌器做。蛋黃要一顆一顆加，確保完全拌勻，最後再加入麵粉。烤的時候要注意火候，必須要上下火全開，避免底部過焦。

烤好的小圓餅，可以用小鐵桶或鐵盒保存起來。有時候，也可以把喝完茶的茶葉罐拿來裝小餅乾。在法國布列塔尼當地，通常都是用傳統宗教故事或畫家畫作來設計鐵盒。我覺得，派對上準備小圓餅，剛好是當飯後小點心，或者是讓客人帶回家的小禮物。

 boîte 準備箱

temps de préparation 準備時間：
50 分鐘

L'outil à utiliser 使用工具：
烤箱 four

personne 食用人數：
24 片

Les ingredients 準備食材：
· 無鹽奶油 250g
· 砂糖 210g
· 蛋黃 3 個
· 低筋麵粉 310g
· 海鹽少許

 Les étapes 作法步驟

1. 先把奶油軟化，加入砂糖、海鹽用電動攪拌器打成乳霜狀。

2. 一個一個加入蛋黃，攪拌均勻。

3. 最後加入過篩的低筋麵粉，拌勻。

4. 拿一張烘焙紙把這奶油麵糰捲起來放入冰箱冷凍 30 分鐘。

5. 等冷凍成形後，切片放入烤模中用烤箱 160 度烤 35 分鐘即可。

6. 等冷卻後再倒扣出來。

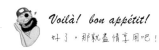

Voilà! bon appétit!
好了，那就盡情享用吧！

什麼都可以入菜的法式鹹派

法式鹹派 la quiche lorraine 是我展開巴黎生活的第一步！我跑到家裡附近的超市所買的第一個烹飪道具就是鹹派烤模，這個烤模陪我度過了多少個讀書的夜晚！把超市賣的鹹派皮帶回家，打開滾進烤模中，把想吃的料放進派皮裡，淋上奶蛋汁液後，放入烤箱烤半個小時，就可以烤出美味的法式鹹派了。

這個所有法國媽媽們都會的家常點心，也是我拿來當開啟私廚生活與幫朋友做點心的敲門磚。畢竟，這是我在巴黎最強的一項，多少的派對夜晚，座上嘉賓莫不稱讚我的鹹派做的比他們的媽媽還好。你知道，讓那些刁嘴的法國人稱讚，還真是不簡單！說我有多厲害嗎？只因為我懂得變通，在喝酒的場子裡要弄鹹一點。

法國人的派對著重在喝酒跟聊天！吃雖然是重點，但是看你辦的派對裡，是不是屬於美食派對。如果你抱著每場派對都會吃到好料，那你就錯了！有些派對，因為主人手藝普通，一兩樣主食就算奢了；有些主人手藝超好，多樣美食可以把你撐到天亮。有些呢？單純就準備一些小點心，讓你喝酒喝到飽。

其實，跑趴（臺灣人說法）跑多了，你就會了解，還是讓客人一人帶一道菜的方式較好。當然，也要看交友圈！有些藝文人士的趴，首重在討論藝文界的一些新訊或某些潮流的觀點，思考與聊天的意味重，比較適合清爽的輕食或小點心。通常這時候我就會把鹹派的尺寸縮小，變成小口吃鹹派，兩三口就可以解決。

而口味方面就因人而異，這個道理跟主人辦趴一樣，他必須考慮到客人的喜好！我通常帶一個大鹹派就可以討主人的歡心，其他菜色就端看主人的邀約了。當然如果你不擅長烹飪，帶束主人喜歡的花或一瓶好酒也是討喜的方式。有時候，最好事先了解派對的性質，再做適當的準備，不然就可能會變成不討喜的賓客喔。

Vous pourriez mettre quoi n'importe dans la

quiche lorraine

番茄藍乳酪小鹹派

美味小撇步：

如果找不到現成的鹹派皮，不妨用無鹽奶油、鹽、低筋麵粉跟水來製做。而比例多半是奶油為麵粉的一半，鹽則少許，而水就緩緩加入。製做完的派皮放入冰箱冷藏 20 分鐘後拿出來桿平。自製的派皮會讓你的鹹派更加分、美味更出色。

而鮮奶油跟蛋的比例，多半是 50cc 鮮奶油對一顆全蛋，烤出來的柔軟度恰恰好。就跟製作布丁一樣，奶與蛋的比例很重要。奶少蛋多太硬，反過來蛋少奶多則太軟不易凝結。而餡的部分，請記得要避免過濕的湯汁，最好是把餡料炒乾。

希望大家可以記住這些小要領，必然會做出讓派對賓客們相當驚豔的鹹派！

boîte 準備箱

temps de préparation 準備時間：
50 分鐘

L'outil à utiliser 使用工具：
烤箱 four

personne 食用人數：
6 人份

Les ingredients 準備食材：
· 鹹派皮 240g 可做 6 個
· 藍乳酪 30g
· 小番切切丁 60g
· 全蛋 3 顆
· 鮮奶油 150cc
· 香料海鹽適量

Les étapes 作法步驟

1. 先把鹹派皮桿平鋪在 6 個小烤模上，用 150 度烤 10 分鐘後，放涼備用。

2. 烤好的派皮裡放入捏碎的藍乳酪小塊。

3. 接著放入切丁的小番茄。

4. 把全蛋加入香料海鹽調味攪拌均勻。

5. 再混入鮮奶油，把奶蛋糊倒入裝了乳酪與番茄丁的派皮裡。

6. 放入烤箱用 250 度烤 25 分鐘即可。

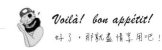

Voilà! bon appétit!
好了，那就盡情享用吧！

黑森林的巴洛克景 / 流村

我們看到那些巧克力專賣店有許多琳瑯滿目的巧克力 bonbon 糖，殊不知這樣的巧克力來自醫生的發想。當時，法國受盡寵愛的瑪麗安東妮皇后身體不適，宮廷御醫為了讓她輕鬆服下藥物，只好突發奇想地把藥丸包在巧克力當中。吃起來微苦卻甜甜的巧克力糖，深受瑪麗安東妮的喜愛，也解決的吃藥的痛苦。

現在這種包著許多巧克力師傅創意的巧克力糖，已經深受大家的喜愛。從巧克力甘納許 ganache de chocolat 到莓果果醬、酒漬櫻桃或榛果等幾乎都可以包在巧克力裡面，而且外表的形狀還可以有許多變化。比如玫瑰花或卡通人物造形、topping 灑上彩色小糖粒或榛果碎等，都是巧克力 bonbon 的另一種創作。

從內餡到外表，這種巧克力 bonbon 都可以有各式各樣的創意！也就是説你只要會調巧克力的風味，接下來的內餡或外表你都可以發揮自己的巧思。許多巧克力專賣店為了強調巧克力來源與特殊風味，往往都會告訴消費者這種巧克力豆是來自某某中南美洲地區的莊園，口感風味有如品嘗紅酒般，呈現許多層次與變化。

這個部分，我比較像一般法國的媽媽，我會鼓勵大家去超市或賣場找自己喜歡吃的巧克力塊回家。用隔水加熱的方法，然後加上奶油去調整巧克力的口感。家裡冰箱有什麼果醬或是吃剩的堅果，那就拿出來備用。而我個人喜歡帶點鹹鹹風味以及擁有特殊香氣的巧克力，所以海鹽跟香料也是我會準備的。

由於是要擺在派對餐桌上的，這款巧克力 bonbon 的功能也許是餐後大家最想要吃的東西。所以通常我都會放入一點點幫助消化的小茴香香料。因為這時候很多賓客也會邊吃邊喝點甜白酒或其他酒精飲料，我就不推薦用酒漬櫻桃或酒漬果乾類的東西來當巧克力糖的內餡，外表倒是可以放些堅果碎，增加咀嚼香氣。

Bonbons de chocolat
crés pour la reine Marie Antoinette

那就讓我們開始吧！

烤榛果巧克力糖

BONBON DE CHOCOLAT

美味小撇步：

最好用已經有糖味的苦甜巧克力，可以挑可可豆比例高一點的，風味也純一點。如果你喜歡巧克力純度接近百分之百的巧克力，那就純粹用奶油去調整口感了。不然純度愈高的巧克力，口感的滑度會低些，除非你個人相當喜愛那種澀感。

但畢竟是宴客的派對小點心，最好在製作上面，多多考慮一下來賓的喜好。像我幾乎都是讓這款巧克力糖變成派對賓客回家時的伴手禮，甚至幫他們弄個可愛的小包裝，這樣一來，就能達到賓主盡歡的 happy ending 不是嗎？

boîte 準備箱

temps de préparation 準備時間：
20 分鐘

L'outil à utiliser 使用工具：
爐火 cuisinier

personne 食用人數：
20 小顆

Les ingredients 準備食材：
· 62％苦甜巧克力 200g
· 無鹽奶油 50g
· 腰果 50g
· 海鹽少許
· 小茴香少許

Les étapes 作法步驟

① 把腰果先放在平底鍋上用乾鍋烤到表面略焦。

② 接著用深鍋裝水，然後在鍋上放一個攪拌盆，擺入巧克力跟奶油。

③ 融化成巧克力泥漿後，灑上一點點海鹽跟小茴香試試味道。

④ 如果味道可以，把這巧克力漿倒入小小巧克力模裡。

⑤ 接著放上烤好的腰果或其他你想要放在巧克力上面的果乾。

⑥ 放涼或放入冰箱冷藏 20 分鐘即可。

Voilà! bon appétit!
好了，那就盡情享用吧！

非洲媽媽跟孩子們相處的小點心

每一回做這款簡單又超受歡迎的小點心，就會興起對我非洲籍同學的思念。在巴黎的日子，我認識了許多黑到發亮的非洲同學。像跟我還蠻要好的塞內加爾同學 masanba 馬山巴就很有趣，他不光是膚色黝黑，還在服裝上面很愛作怪。尖頭皮鞋的後跟還有環釦，一身皮褲跟偶爾綁好多鬢辮的頭，真是讓上帝也瘋狂！

對，他活脫像這部電影裡的「歷蘇」，每次法語在他嘴裡都是有如講非洲話，啪喳啪喳的。我們班當然不只有他，還有其他非洲同學，像教我們非洲話 igbo 的女同學，還教我們跳她們國家當地的舞蹈，眼見她肥大的臀部扭動卻是那麼輕巧，我真的是傻了！這種感覺如同去夏威夷看那些女生跳草裙舞般恣意。

不過，這就是法國生活與臺灣最大的不同，像巴黎這般的國際大都會，可真的是什麼樣的人種都有。黑人也比我們想像中的黑，經常讓我在深夜回家後嚇到。他們只要在黑暗中就只剩下牙齒跟眼白，我還很沒禮貌地問我同學 masanba 說，你的手掌跟腳掌是黑的還白的？經過現場證實，是「白的」！

那些非洲貴婦們，走在路上或坐捷運，一定會把所有家裡的金飾全部穿戴出來。特別是在某些假日的宗教聚會時，更會誇張的炫富，而且是全家一起。媽媽穿金戴銀、小孩全身名牌服飾。這是種「老公有錢、全家幸福」的象徵，而且是媽媽們必須要盡到的義務，對外宣稱自己家裡的狀況。

我同學也常跟我聊到他們家在非洲的生活狀況，包括家門口就有一種植物，早上起床後去拔一根回家，然後咬一咬，就算刷過牙了！還有媽媽會做小點心給他們吃，下午時分，媽媽們在家忙東忙西，然後用椰絲粉做這簡單的椰絲球給他們吃。在臺北的某些西點店也有這樣的小點心，可見這來自剛果的小點心還滿有名的。

les **congolais** sont
de petits trucs pour la
famille africaine

巧克力剛果椰絲球

CONGOLAIS AU CHOCOLAT

boîte 準備箱

temps de préparation 準備時間：
30 分鐘

L'outil à utiliser 使用工具：
烤箱 four

personne 食用人數：
12 顆

Les ingredients 準備食材：
· 椰子粉 100g
· 砂糖 70g
· 全蛋 1 顆
· 低筋麵粉 10g
· 香草精幾滴
· 蜂蜜 1 大匙
· 巧克力片 50g

✕ 製作巧克力剛果椰絲球的小撇步：

捏椰絲球時，你可以感受到剛果媽媽們的愛心，這些椰絲蛋糕很容易黏手，建議你最好捏緊實些，以免烤的時候散掉，無法成就美好的球形。還有攪拌這些蛋糕時，儘量把它弄成糰，讓蜂蜜產生濕潤度，烤的時候會香氣佳、顏色漂亮。

椰絲球底部加了巧克力是我個人的想法，除了讓美味更加豐富外，也讓這椰絲球更加豪華。重點是，椰絲球所使用的材料跟巧克力也都很搭。在巧克力的選擇上，我倒是建議你挑選自己吃過而且喜歡的巧克力片就好。但，只要用單純黑巧克力就好，不需要用那些巧克力裡頭已經加了果乾或榛果碎之類的牛奶巧克力片。

🥄 Les étapes 作法步驟

① 在攪拌盆中放入糖、麵粉跟椰子粉。

② 加入蜂蜜、香草精跟蛋，攪拌均勻。

③ 攪拌好的椰子蛋糊用手捏出一顆顆的小球。

④ 擺在烤盤上用 200 度烤 10 分鐘即可。

⑤ 烤好放涼的同時，用隔水加熱的方式融化巧克力片。

⑥ 拿放涼後的椰絲球底部去沾巧克力，放入冰藏冷藏 10 分鐘即可。

les gelées de vin blanc
avec le **foie** du canard
est fabuleuse

白酒凍配鴨肝讓小點心高級許多

我永遠記得有次在法國巴黎高級餐廳 le grand colbert 吃飯的經驗，那白酒凍與鵝肝的香氣結合讓人好感動喔！柔軟舒服的鵝肝香氣在入口即化的白酒凍中載浮載沉，接著烤到酥脆且帶有奶油香氣的麵包跑出來，這味道也讓我家人讚不絕口。吃完後，馬上跑去 Fauchon 買一盒高級鵝肝醬帶回臺灣，繼續回味。

回臺灣的這些日子，前 10 多年做的是媒體工作，也很少在餐廳吃到這樣的開胃小點。說起來，這種白酒凍搭鵝肝醬的吃法，其實很傳統也很經典。隨著人道精神的提倡，有很多臺灣法餐主廚漸漸不再以鵝肝醬入菜（我感覺，其實是多半掛法餐的主廚不懂如何製作鵝肝，但他們都對外宣稱是客人不愛）。

無論是法國或臺灣，我相信還是很多人愛吃鵝肝，而且只要試過這樣的吃法，鐵定會愛上。撇開較難取得的鵝肝，你其實可以在臺灣找到鴨肝。像我在法國居住時，都會在法國的超市買罐鴨肝，回去塗在烤到酥脆的麵包上吃，真是人間美味！那鴨油的香氣伴隨著鴨肝醬的軟，搭著酥脆的麵包香，最好再來杯香檳。

氣泡把香檳的香氣帶上來，那瞬間的解膩，終究會讓你想要再吃上一片鴨肝醬麵包。我喜歡在鴨肝醬上加點白酒凍，跟用香檳解膩是一樣的道理，微酸帶點香氣的白酒，入口與鴨肝一起融合，底下的烤麵包已經是後面的事情了。你也可以改用安達魯西亞的甜麵餅，多上一點點甜味也很不錯，畢竟鴨肝是比較鹹一點的。

鹹甜、軟脆、酸膩彼此間的交互平衡，像氣泡一樣夢幻的口感，鴨油香氣與酒香的對應，會幫你的派對序曲拉開，相信這小點心可以讓在座的賓客吃得開心。一開心，話題就多了，賓客之間鐵定就聊開來了。這時候，身為主人的你，內心一定會很慶幸，還好之前肯捨得買上一罐奢華的鴨肝醬，真是超級值得！

那就讓我們開始吧！

白酒凍搭鴨肝醬

GELÉES DE VIN BLANC

美味小撇步：

這方法，不一定只能做白酒凍，你也可以拿來做紅酒凍或香檳凍。你也不一定要切丁，你也可以打散，然後拿來當前菜如涼拌海鮮的搭配。比如你用非常新鮮的魚肉泡入檸檬，用果酸的方式熟成，然後放些白酒凍，同樣可以創作出一道讓人驚豔的冷盤前菜。

我的觀念也許老派些！如果今天換成是鵝肝醬，我鐵定會做白蘭地酒凍或香檳酒凍來搭配鵝肝醬。總覺得這樣的口感等級搭配，似乎才是王子配公主的邏輯。反正呢！這本食譜可以給你很多基本功，你花點腦筋想想，就會激盪出很多菜色。

Encore une fois 要再一次要跟你説，essayez-vous 試試看喔！

boîte 準備箱

temps de préparation 準備時間：
20 分鐘（白酒凍前製時間另計）

L'outil à utiliser 使用工具：
爐火 cuisinier

personne 食用人數：
24 片

Les ingredients 準備食材：
· 白酒 50cc
· 砂糖 20g
· 水 100cc
· 吉利丁 1.5 片
· 鴨肝醬 80g
· 奧勒岡葉裝飾少許
· 安達魯西亞甜麵餅 6 片

Les étapes 作法步驟

① 先用一把鍋子加入水、砂糖，煮到融化。

② 用水軟化吉利丁片，放入糖水中攪拌均勻。

③ 最後倒入白酒，拌勻倒入容器內放涼，在冰箱冷藏 1 小時。

④ 用鍋子裝水煮沸關火，把鴨肝醬放入熱水中軟化。

⑤ 等白酒凍做好後，拿出切細丁。

⑥ 每一片甜麵餅捏成四片，抹上鴨肝醬、放上白酒凍跟奧勒岡葉即可。

Voilà! bon appétit!
好了，那就盡情享用吧！

les **canapés** attrappent
le regard des amis à table

法式小點很容易抓住派對賓客的目光

在法國的派對餐桌上，一定會有法式小點 canapé 這樣的東西。往往一擺上桌就會吸引了賓客的目光，從法國麵包鋪底作發想，第一層多半是塗上泥狀的醬，不管是蔬菜泥或鵝肝慕斯之類的，然後再擺上主角，也許是海鮮或烤過的蔬菜。最後頂端的裝飾，你可以擺上蔬果丁、果乾丁或白酒凍等，再放上最後的鮮香料。

像這類的法式小點，不管你在哪個法國人家裡的派對餐桌上，一定會發現這小點心。而擺放層次的美感好壞、配色等等，往往牽涉到主人的美感與美味經驗。像我之前幫很多報章媒體做這種派對小點心，基底的麵包我都是用法國麵包去發想，有時鋪上烤茄子泥、珠雞肉醬等，或者把海鮮炒過後直接鋪上去也可。

你問所有法國人這款點心有沒有一定的擺法與必用的食材？其實多半得到的答案是沒有！因為這是款可以讓主人自由創作的點心。我個人的想法與經驗是口感的層次與味道堆疊的豐富度表現才是重點。像這款有麵包的脆香、藍乳酪的奶香與杏桃的果香，最後搭上奧勒岡葉的新鮮草香，色彩與味道都很獨特且豐富。

喜歡吃海鮮的人，也可以用墨魚麵包為底，然後用蒜頭、洋蔥末去炒過鮮蝦，加上鮮奶油及一點點酸豆，所做出的奶醬鮮蝦鋪在麵包上，上面再灑上一點點荷蘭芹末，不光色彩美，海鮮的味道也超吸引人的。茹素的朋友們，烤蔬菜這招可一定要學起來，只要在蔬菜上灑上橄欖油、海鹽跟黑胡椒去烤，就是最好的主食材。

然後也是用麵包鋪底，然後一層烤蔬菜，最後上面灑上烤過的堅果，則是茹素朋友可以好好品嘗的蔬食小點。這類型的派對小點心，可以說是變化萬千，可以奢華也可以簡單。有時候晚餐沒什麼胃口，那就簡單做幾片法式小點 canapé 搭配一碗熱呼呼的湯就很棒，不光營養夠，而且吃完也沒什麼負擔。

在很多外國廚師的心裡，法式小點 canapé 絕對是一場派對開場的最佳小食，配香檳或開胃白酒都很棒！這裡我堅持用法國人最愛的兩種食材——「藍乳酪跟杏桃」來做搭配，就是希望讓大家了解這經典的法國味，除了這個其實還有很多搭配，那就端看大家的個人喜好囉！

那就讓我們開始吧！

法式藍乳酪杏桃小點

CANAPÉ FRANÇAIS

美味小撇步：

用鮮奶油調藍乳酪是我在法國學到的小撇步，大家不妨試試！這樣的奶醬吃起來乳酪味較溫順些，比較能為大家接受。加上酒漬杏桃乾，味道更加豐富了許多，再配上清新香氣的奧勒岡葉，整體吃起來很獨特，適合搭配微酸的白酒！

現在歐洲很流行使用橄欖木的砧板，你也可以用一大片的砧板拿來盛裝這些法式小點，甚至把這樣鋪上小點的木板當做一件藝術品。在麵包之間灑上些香料如彩色胡椒粒、小花朵等，你會發現這樣的小點端上桌，可是會豔驚四座呢！

boîte 準備箱

temps de préparation 準備時間：
20 分鐘

L'outil à utiliser 使用工具：
烤箱 four

personne 食用人數：
12 片

Les ingredients 準備食材：
· 法國麵包一條
· 藍乳酪 30g 捏碎
· 杏桃 8 顆切丁
· 蘭姆酒少許
· 鮮奶油 10cc
· 橄欖油少許
· 奧勒岡葉少許

Les étapes 作法步驟

1. 先用蘭姆酒醃漬切丁的杏桃，約莫 5 分鐘。
2. 把法國麵包切片表面烤脆放涼。
3. 用鮮奶油加藍乳酪調成藍乳酪奶醬，塗在麵包上。
4. 灑上酒漬杏桃丁，放上奧勒岡葉。
5. 最後淋上橄欖油，上桌。

Voilà! bon appétit!
好了，那就盡情享用吧！

多的派皮就拿來做這美味法蘭酥

從小我就愛吃法蘭酥，總是醉心於它那種酥脆的層次與香甜。長大後，也只有在某些糕餅店才有機會看到它，直到我去了法國，才知道這點心其實來自法國。而且是用做千層派的派皮來做的，難怪我那麼喜歡吃。因為千層派也是我最愛的甜點之一，酥脆的派皮口感搭上裡面的糖，經過熱烤後，焦脆的層次更加迷人。

我已經忘了是臺灣那個食品品牌先出這樣的餅乾，而且不叫作法蘭酥，法蘭酥反而是比較像蛋白餅的那種餅乾。也有人把這餅乾叫作「蝴蝶餅」，因為它剛好是兩片葉子如蝴蝶樣的餅。大家如果在歐洲買過糕餅店的餅乾，就會發現傳統的歐洲餅乾是秤重在賣的，看你想買多少重量的餅乾，除非是超市買的就是盒裝。

如果你有機會吃到糕餅店手工做的，再去買超市賣的盒裝餅乾來吃，你鐵定會覺得兩者差很大。但糕餅店的手工餅乾，比較無法透過行李帶回國內，好吃卻易碎，放行李箱很危險，你手提又不划算。所以，有機會去歐洲旅行不妨去傳統餅乾店試試他們的傳統餅乾，也是一種不錯的下午茶經驗喔！

話說回來，法蘭酥用的是千層派皮。大家都知道千層派皮是種相當麻煩的派皮，要桿折數回，還要進出冰箱冷藏數回，往往做一次你就會想，下次做不知道是何時？但如果去材料行買現成的千層派皮，又不知道他的奶油使用的品質？如果你有這層疑慮，我的建議是你去天母或新店家樂福，他們有進口法國的冷藏派皮。

就我的使用經驗與心得，也許會油膩些，但至少會比你在甜點材料行所購買的千層派皮品質好些。我在法國生活時，其實也常去超市買現成派皮回家使用，畢竟方便許多。不管是鹹派皮或甜派皮，超市裡都有，拿來做鹹派或千層派 millefeuille 甜點，甚或是一些水果甜塔或檸檬塔之類的甜點，也都非常好用。

用剩下的千層派皮再拿來做這「法蘭酥」餅乾，或是拿來蓋在濃湯上面做焗烤濃湯都很棒！這樣的方式，應該相當符合環保「剩食」的概念，不要把剩下的派皮丟了，很可惜，要記得收集起來做餅乾。

J'aime bien manger des **palmiers** depuis mon enfance

法蘭酥餅乾
DES PALMIERS

 美味小撇步：

最好使用兩種砂糖，一個負責香氣一個負責上色，而且不會焦得很快！烤的時候，為了避免餅乾因為派皮膨脹而分開，最好在餅乾軸心的地方刷上蛋黃水做為黏著劑。這個步驟最好別省略，不然就無法烤出美麗的蝴蝶樣了！

如果你烤箱的上火較大，建議你烤到餅乾上面呈現焦黃時，就把餅乾翻轉過來，烤另一面，儘量把握「將兩面烤均勻上色」的重點。外表甜脆，咀嚼起來奶香十足的法蘭酥，佐單純的紅茶或搭配有點果香氣息的白酒都很適合。

 boîte 準備箱

temps de préparation 準備時間：
40 分鐘

L'outil à utiliser 使用工具：
烤箱 four

personne 食用人數：
10 片

Les ingredients 準備食材：
· 千層派皮 250g
· 白砂糖 20g
· 黃砂糖 10
· 蛋黃 1 個加水

 Les étapes 作法步驟

1. 先把派皮　平成長方形，刷上一層蛋黃水。
2. 然後在刷上蛋黃水的派皮上灑上一層黃白砂糖。
3. 把派皮從兩邊往中心捲起。
4. 在捲起的軸心中間用蛋黃水刷過，讓派皮彼此相黏。
5. 把捲好的派皮放入冰箱冷凍 20 分鐘後，取出切片排放在烤盤上。
6. 再把剩餘的黃白砂糖灑在切片上面。
7. 用烤箱 200 度預熱 5 分鐘後，轉 250 度烤 12-15 分鐘即可。

Voilà! bon appétit!
好了，那就盡情享用吧！

Il était l'amuse-bouche au restau de Michelin trois étoiles

雄的巴黎餐桌／派對

吃起來，還是有米其林三星的感覺

我的菜多半是在生活中學習的，不管是透過旅行還是以前的美食採訪工作。有一回，我印象非常深刻，臺北喜來登飯店的安東廳請來了巴黎 taillevent 三星主廚來交流，結果不幸的，當天早上這家餐廳從三星變兩星。主廚還是很盡責的把菜色表現完，我想他心情應該受到不小打擊吧！不過這道小點心卻還是相當美味。

他說這道「黑松露鮮蛋馬鈴薯泥」是要用法國西南佩里戈 périgord 的黑松露灑上在新鮮的蛋黃上，然後搭底下的馬鈴薯泥一起吃。吃法就是三合一，從最上面的松露挖下去，把底下的馬鈴薯泥挖上來，中間夾著新鮮的蛋黃，這樣的口感香氣，無法言喻的搭襯，雖說簡單，味道卻彼此緊緊相繫著，因為他們是好朋友。

我喜歡做菜時跟我的好友或粉絲們分享一個「好友」的概念，就比如住佩里戈一帶的法國人都會用松露泡在蛋汁，泡上半個小時，然後周末假日的早午餐就會做個松露煎蛋。蛋會讓松露的味道更加和順，就像好朋友一樣，彼此幫襯。而佐菜的大配角馬鈴薯，跟這兩位好友也不衝突，他們在一起多了一些綿密的口感。

這道奢華小點心裡最難做的，也是馬鈴薯泥。要做到綿密入口即化，甚至做到有如霜淇淋般，不容易。首要的是把馬鈴薯煮熟，然後加入奶油去拌勻，再緩緩加入鮮奶油去調口感。也有人說用牛奶就可，但稠度高些的鮮奶油，其實有讓口感更綿軟的功用，不信你用牛奶跟鮮奶油兩者來做，當下比較就知道其中的差異。

另外要說的是，松露取得不易，你可以買松露油來加也可。這道米其林三星的開胃小點，其實黑松露上面還有放片金箔，以顯示其珍貴。而我們在家裡，也不用這般費工，只要灑上松露油或松露鹽即可。然後新鮮的蛋黃很重要，寧可買好一點有保證的雞蛋來用，吃的時候，跟馬鈴薯泥拌在一起品嘗，滋味更好。

松露蛋馬鈴薯泥
PURÉE DE POMME DE TERRE

 美味小撇步：

馬鈴薯過篩是很麻煩的過程，過篩後的馬鈴薯泥更加綿密，所以是沒辦法跳過的步驟。過篩後的馬鈴薯泥，你可以先試試味道，再調鮮奶油前先調好你喜歡的風味。像我偶爾如果有賓客喜歡吃蒜味的，我會在此時加入烤過的大蒜或其他如肉荳蔻的香料去拌，不過放心，加了溫過的鮮奶油後，蒜味就不會那麼可怕了！

多學會做好吃的馬鈴薯泥，不管是給派對賓客品嘗還是給家人吃，應該都很重要。而且馬鈴薯泥的運用很廣，做好的沒吃完還可以冰起來，想吃之前隔水加熱或用電鍋蒸熱都可。如果覺得太乾，就加點牛奶去加熱，又會回到綿密的口感喔！你也可以拿來做焗烤，相信會讓孩子們多了另一種開心吃飯的選擇。

 boîte 準備箱

temps de préparation 準備時間：
30 分鐘

L'outil à utiliser 使用工具：
爐火 cuisinier

personne 食用人數：
6 杯

Les ingredients 準備食材：
· 馬鈴薯 3 大顆
· 鮮奶油 300cc
· 蛋黃 6 個
· 黑松露適量
· 海鹽少許
· 奶油少許
· 肉荳蔻粉少許（可用可不用）

Les étapes 作法步驟

① 先在鍋中放入削皮的馬鈴薯塊，加入海鹽，用水淹滿去煮。

② 煮約莫 10 分鐘，等馬鈴薯軟爛關火。

③ 趁馬鈴薯塊還熱時，放入奶油，用木匙攪拌均勻。

④ 用網篩把馬鈴薯過篩，篩後刮下。

⑤ 把鮮奶油在鍋中加熱，切莫煮滾，把溫熱鮮奶油緩緩倒入馬鈴薯泥中。

⑥ 用木匙攪拌到變成霜泥狀，灑上少許肉荳蔻香料。

⑦ 倒入容器裡，放上鮮蛋黃跟灑上黑松露碎末即可。

亞維的巴特爾農／派對

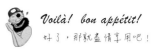
Voilà! bon appétit!
好了，那就盡情享用吧！

很多外國美食家或廚師都喜歡做這巧克力

許多國外的廚師或美食家，在介紹派對小點心時，多半都會講到這款乾果巧克力 mendiants 或者是 florentins 杏仁片乾果巧克力。而且都是用家裡現成的一些果乾、堅果來製作。其中的綠色堅果部分都是用 pistache 開心果，而根據我在超市或甜點材料行的找尋，要找到新鮮好吃的開心果，還真是不容易。

為何這些美食家們這麼情有獨鍾於使用開心果呢？從希臘的甜點、法國的馬卡龍或某些巧克力磚，我們都可以觀察到他們的確很愛使用開心果。開心果的綠、玫瑰的粉，加上蜂蜜的透，都是讓西方人瘋狂的三種風味組合。這陽光下的三種滋味，的確會讓人身心感受到美好與富有，加在巧克力裡面更是讓人瘋狂！

特別是在某些陽光極為珍貴的國家，他們總會對開心果有種異國風情的幻想。法國也不例外，在馬卡龍的餡料裡，淺橄欖綠往往代表著開心果的味道。而帶綠皮的新鮮開心果，在亞洲反倒比較少見。我們看到的，往往都是被炒熟後的開心果，而且還用乾炒甚至是用香料鹽等調理過了，吃不到真正屬於新鮮的風味。

做這乾果巧克力，當然開心果是重點，但如果沒有開心果，你用其他堅果跟果乾來做其實也可以。只要能讓堅果的香氣融入到巧克力裡面，在品嘗的過程中，可以感受到堅果、巧克力跟果乾彼此交相幫襯的風味組合就好了！這樣的小點心，在早期的上流社會裡，代表著一種異國風情與口欲的滿足。

往往在下午茶時光，一杯茶配上一片乾果巧克力，就可以聊上一整個下午的話題。一片吃上好多口，每一口的享受，時而巧克力配果乾；時而巧克力配堅果，水果香氣與堅果油脂，甚或是可可油脂在品嘗的過程裡，幻化成一幕幕海外的風光，也許是中亞、中南美洲，甚至是非洲大草原等，都是種旅行的想像！

gourmets et chefs
aiment présenter ce
type de **chocolat**

那就讓我們開始吧！

乾果巧克力

MENDIANTS

美味小撇步：

在製作巧克力糖或乾果巧克力的步驟裡，你會發現我會在巧克力的調味上面多加了香料跟海鹽。主要的是希望可以讓巧克力吃起來，味道更有層次，而且小茴香很解膩。畢竟我的配方，獨特之處在於我多加了奶油去調巧克力的口感。

如果你喜歡更多的變化，不妨去買軟糖或進口花朵樣貌的小花糖，像法國都會有紫羅蘭小花的那種紫色花糖，也可以拿來放在上面。也可以用食用級的玫瑰花瓣去裹上一層糖，放在上面，顏色也會超美的，可說是創意無限。

boîte 準備箱

temps de préparation 準備時間：
30 分鐘

L'outil à utiliser 使用工具：
烤箱 four 跟爐火 cuisinier

personne 食用人數：
20 片

Les ingredients 準備食材：
· 無鹽奶油 50g
· 苦甜巧克力磚 200g
· 核桃或其他類堅果 100g
· 蔓越莓果乾 50g
· 杏桃乾 30g 切丁
· 海鹽跟小茴香少許

Les étapes 作法步驟

1. 用烤箱以 180 度預熱，將核桃或其他種堅果烤 8 分鐘放涼備用。

2. 隔水加熱，融化巧克力跟奶油。

3. 融化好的巧克力，加入少許的海鹽跟小茴香。

4. 調好味道後，將巧克力倒入杯子蛋糕模中。

5. 在巧克力上面放杏桃乾、蔓越莓果乾跟烤好的核桃。

6. 等冷卻後再倒扣出來。

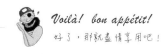

Voilà! bon appétit!
好了，那就盡情享用吧！

太忙時，現成的起司搭水果串也很不錯

在法國人家裡的冰箱，其實經常會有許多半成品，包括隨手就可以煮好一鍋濃湯的 velouté 跟挖起來塗在麵包上就可以食用的美味 tapenade 橄欖醬；當然各式各樣的起司 fromage 也是餐桌上少不了的。有時候，突然間跟朋友來個小聚，或是下午等用餐前，趁戶外依舊存在的美好陽光，來個邊吃邊喝的開胃小派對！

特別是夏天，天黑的晚，約莫都是接近晚上 10 點才天黑。法國人的晚餐時間又吃得晚（一般來說，都是約莫 8 點半才開始），所以巴黎以外的地區，幾乎都流行著開胃酒的習慣。像我去南法住朋友家，才知道原來他們習慣在用餐前吃點小東西喝點小酒，而開胃酒所搭配的小點心，往往就是小餅乾搭橄欖醬。

現在臺灣也可以找到這種非常南法風格的橄欖醬，你只要用點小餅乾就可以塗上去吃。如果想要多點變化，那就烤些蔬菜放上去也很搭。原本就調好風味的橄欖醬，滋味本身就相當豐富，以進口法國風格食材的 oliviers & co 本來就是我在法國極愛的品牌，所創作出來的橄欖醬風味也是非常南法風，幸好臺灣找得到。

讓我在家也可以輕鬆辦個開胃小點趴，用黑橄欖醬跟米其林大廚 jacques & laurent pourcel 兄弟（他們在南法的米其林餐廳 le jardin de sens 感官花園，新加坡名廚 andré chiang 江振誠有去待過）所設計的綠橄欖杏仁醬。不用飛到老遠的法國，就可以品嘗到道地的南法風情，重點都在於頂級橄欖油的香氣與後味。

另一個很簡單的派對小點，就是你去超市挑選一款硬質乳酪。像我就挑選一款硬質卻美味、奶香十足的 emmental 艾蒙達乳酪，以切方塊的方式來搭配水果。他的奶香搭配像草莓類的莓果非常適合，如果已經過了草莓季，搭香甜的哈密瓜或西瓜、鳳梨類的也不錯，如果想要豐盛一點，用帕瑪火腿包哈密瓜搭乳酪也很棒！

我喜歡像法國一樣，用個好看可回收的串子把乳酪、水果串上，然後搭上一點點酸的蜜棗乾或杏桃乾。乳酪、鮮果跟蜜餞，是這款小點心的特色。而如果今天是用鹹的口味，那就乳酪、鹽漬橄欖跟 ham 火腿片或者是帕瑪火腿、哈密瓜加乳酪。你要麻煩一點，用烤過的蔬菜搭配乳酪也是可以的！

超多種隨心所欲的變化，都會讓這小小的開胃酒派對更有趣。請別小看這小小的派對點心，連在紐約的大廚 nobu 還因此而出版了一本 party cookbook 的書呢！

我們大家其實也可以在周末假日或晚餐前的下午時光，精心安排一下自己的開胃酒小派對，應該會製造很多跟朋友之間的有趣話題。不妨讓我們一起來享受美好的陽光與充滿樂趣的開胃小點心派對吧！

brochettes de
fromage avec
des fruits font la
préparation facile

AFTERWORD
後記

從擺上幸福餐桌那刻起……

2012 年秋天，我搬到了現在的私宅。當初找到這間老房子時，是當下愛上了它那美好的採光。現在的餐廳，也就是我現在餐桌擺的地方，原本是前屋主的臥室。他用暗綠色的窗簾把所有陽光都遮住，而當我第一次來看房子時，一拉開窗簾後，馬上被這餐廳的兩扇光線所吸引。當下心裡就想，這間就是餐廳了！

玫瑰廳 salon de rose 是我給這餐廳的名字，因為窗框是玫瑰色的。我自己去油漆行訂色，重新幫這個房子粉刷，到現在這個溫暖明亮的樣子。為了讓用餐的心情更加平穩，我特地用了黑色的吊燈與黑色的書架。在書架上還擺上鍋具餐具跟食譜，就是希望來到這餐廳的人，可以馬上同時感受到飲食文化與美好的食物。

對我來說，什麼是人生最大的幸福？那就是餐桌上的時光！在這兩年多來，有些朋友來過我私宅用過餐，他們圍在餐桌坐著，邊享受我精心設計的菜色邊聊著自己最近的生活，我雖然忙於廚房與餐廳之間，但我內心是幸福的。能為朋友或家人作菜，一直都是我最喜歡做的事，無論是在法國巴黎，還是臺灣臺北。

以前我記得在巴黎，我也做過很多菜給法國朋友吃；回臺灣，這樣的生活還是持續著。以前在東森電視網路部門上班，也是請記者同事們一同來家裡吃飯。美食的「幸福感」其實一直是我生活的主線，我愛吃、愛做、愛分享，直到現在很多未曾謀面的粉絲們麻煩我幫他們做些法式家常甜點，讓他們把幸福感帶回家。

從小，我就很愛吃法式 crème caramel 焦糖布丁，那香軟綿密的味道，直到我住法國時，吃過諾曼第區最美好的焦糖布丁後，我知道我再也回不去了，因為心裡最棒的焦糖布丁標準就在那！美食的經驗累積就

是這樣，最好吃的你吃過後，你的味蕾記憶就在那，除非之後有再碰到過更棒的，才有可能再堆疊上去！

我有一年，用了上百個布丁跟我的粉絲交流，他們吃過了都無法忘記那軟綿焦香的滋味。我用很棒的香草豆莢，搭配等級高貴的蘭姆酒，當然最主要的蛋要新鮮。光是這些用料就足以讓人難以忘記，但最重要的，是讓孩子們吃過也體驗過什麼才是真正好吃的布丁，甚至我希望媽媽們可以自己在家做跟孩子們分享！

去年母親節到現在，我除了法式餐點外，還幫粉絲們做了很多甜點，間接成就了這本食譜心得的誕生。有些人以為，我從此會走向開店之路。在這裡我要鄭重跟大家說，我在意的，其實還是餐桌上的那份幸福感！開店，絕不會是我想做的。我其實還是會繼續研發各種甜點跟我的好友們分享，讓大家記住那幸福感就好！

這一兩年的生活，成就了這本書，我不知道再過兩年，我的生活是否會再累積成另一本書？不過，透過我的廚藝與幸福餐桌，跟你分享我的生活、我的旅行與生活態度，才是我最想持續做下去。

Voilà! bon appétit!

好了，那就盡情享用吧！

里維的巴黎餐桌

在家也可以吃到主廚級幸福滋味，
從前菜、湯品、主菜到甜點，40 道法式料理輕鬆上桌！

ma cuisine parisienne à taipei

作　　者／里維

攝　　影／黃威博、里維

插　　畫／海盜阿福

美術編輯／申朗創意

企畫選書人／蘇士尹

總 編 輯／賈俊國

副總編輯／蘇士尹

行銷企畫／張莉滎・廖可筠

發 行 人／何飛鵬

出　　版／布克文化出版事業部

台北市中山區民生東路二段 141 號 8 樓

電話：(02)2500-7008　傳真：(02)2502-7676

Email：sbooker.service@cite.com.tw

發　　行／英屬蓋曼群島商家庭傳媒股份有限公司城邦分公司

台北市中山區民生東路二段 141 號 2 樓

書虫客服服務專線：(02)2500-7718；2500-7719

24 小時傳真專線：(02)2500-1990；2500-1991

劃撥帳號：19863813；戶名：書虫股份有限公司

讀者服務信箱：service@readingclub.com.tw

香港發行所／城邦（香港）出版集團有限公司

香港灣仔駱克道 193 號東超商業中心 1 樓

電話：+852-2508-6231　　傳真：+852-2578-9337

Email：hkcite@biznetvigator.com

馬新發行所／城邦（馬新）出版集團 Cité (M) Sdn. Bhd.

41, Jalan Radin Anum, Bandar Baru Sri Petaling,

57000 Kuala Lumpur, Malaysia

電話：+603- 9057-8822　　傳真：+603- 9057-6622

Email：cite@cite.com.my

印　　刷／韋懋實業有限公司

初　　版／2015 年（民 104）09 月

售　　價／420 元

 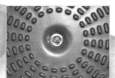  

CHIMEI
奇美家電

質感生活　饗樂料理
奇美廚房調理家電

超輕薄變頻電磁爐

國產薄型首款通過安規

[輕薄・時尚・便利]

4cm超輕薄　輕鬆夾取食物

專業級液脹式雙溫控電烤箱

[均溫・精準・快速]

領先業界　專業液脹式溫控

奇美集團 新視代科技股份有限公司　　客服專線：0800-663-000　　網址：electronics.chimei.com.tw

OLIVIERS & CO.®
橄欖飲食&有機保養專賣店

地中海、純淨、健康的生活
100%第一道冷壓初榨橄欖油

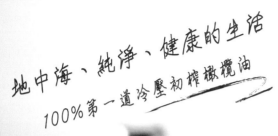

時尚人文&美味探索之旅

源自南法普羅旺斯的O&CO.，一群熱愛地中海文化的同伴，展開一場人文與土地的探索旅程，演繹美學、品味、膚感、氣味、聆賞的五感體驗！上乘品味的核心選材，上百項商品囊括來自地中海產地的頂級冷壓初榨橄欖油、義大利古釀的傳統香醋、和葡萄牙無汙染鹽花及米其林主廚的系列原創醬料。每年，O&CO.橄欖油評鑑專家走遍整個地中海，從250個莊園為您挑選最優質的100%第一道冷壓初榨橄欖油，從枝頭上青翠飽滿的橄欖果實，到每一瓶金黃耀眼的橄欖油，將地中海的陽光帶到你的心裡！

愛上地中海‧分享健康禮

風靡全球的法國食尚品牌O&CO.，以23位歐洲名廚、25顆米其林星光環繞，精心調製的美味主廚特調醬料系列，受美食家和饕客喜愛，以主廚創意料理與美妙口感，調配曼妙的地中海道地風味，米其林主廚為您上菜，邀您一起輕食饗宴。
O&CO.以作工精緻的禮盒包裝，可依您的送禮需求特別客製化商品組合，健康橄欖油及美味香醋醬料，琳琅滿目的風味組合，讓您送禮送到心坎裡。邀請您和您的家人好友，踏上體驗美味的愉快旅程，擁抱古老地中海世界所孕育的珍奇滋味

線上專賣店 www.oliviers-co.com.tw
台北 微風復興B2 ／ 台北 信義誠品2F ／ 新竹遠東巨城B1
台中 新光三越B2 ／ 台南 新光三越B2
高雄 文化店1F ／ 高雄市苓雅區廣州一街153號1F
總 代 理-泰奧萱有限公司 • TEL(02)2740-8877

在餐桌上活出巴黎品味

━━━━━━━━ ▌▌ ━━━━━━━━

請完整填寫資料後，於 2015 年 12 月 31 日前將回函寄回布克文化（10483 台北市民生東路二段 141 號 8 樓 / 02-25007008#2201），就有機會免費抽中 THERMOS 膳魔師、BEKA 貝卡、O&CO.、奇美家電等眾多大獎。
【影印無效，以郵戳為憑】

姓名：_____　　性別：□男　　□女

E-mail：_____　　連絡電話：_____

聯絡地址（含郵遞區號）：_____

德國 BEKA 貝卡悠活燉煮鍋
（24cm）
價值 6,200 元

THERMOS 膳魔師
蘋果原味單柄湯鍋（18cm）
價值 5,200 元

THERMOS 膳魔師
真空食物燜燒罐（720ml）
價值 1,850 元

THERMOS 膳魔師
真空食物燜燒罐（300ml）
價值 1,250 元

奇美電磁爐（FV-12AOMT）
價值 2,680 元

奇美 18L 機械式電烤箱
（EV-18AOAK）
價值 1,680 元

備註：
· 得獎名單將於 2016 年 1 月 11 日公告於布克文化官方 FB。得獎者將以 E-mail 優先通知。
· 限中獎者使用，獎品不得折現或其他商品。
· 中獎商品隨機出貨，恕不挑色。
· 如有未竟事宜，以布克文化公告之訊息為準。
· 布克文化享有本活動最終解釋權。